“天才对话”

说的人，听的人都是天才

《天才对话》

写的人，看的人都是天才

高效记忆

你也能1小时记住1000个随机数字

石燕妮　石伟华　著

中国纺织出版社有限公司

内 容 提 要

背诵圆周率、扑克牌、无规则图形，识别1770张美女模特面孔，分辨二维码……这些酷炫的记忆表演背后的秘密是什么？有人天生就是记忆大师吗？我也可以成为“最强大脑”吗？世界记忆大师石燕妮和中国脑力培训金牌讲师石伟华携手登上《天才对话》节目，正式开讲记忆法行业中的“秘密”。

读完这本书，或许你不能马上成为“世界记忆大师”，但一定能满足关于记忆行业的所有好奇心。如果你也想提高记忆能力，不如翻开这本书，寻找志同道合的伙伴，让记忆大师帮助你少走弯路，直达目标。

图书在版编目（CIP）数据

高效记忆：你也能1小时记住1000个随机数字 / 石燕妮，石伟华著. --北京：中国纺织出版社有限公司，2022.4

ISBN 978-7-5180-9319-9

Ⅰ. ①高… Ⅱ. ①石… ②石… Ⅲ. ①记忆术 Ⅳ. ①B842.3

中国版本图书馆CIP数据核字（2022）第018055号

责任编辑：郝珊珊　　责任校对：高　涵　　责任印制：储志伟

中国纺织出版社有限公司出版发行

地址：北京市朝阳区百子湾东里A407号楼　邮政编码：100124

销售电话：010—67004422　传真：010—87155801

http://www. c-textilep. com

中国纺织出版社天猫旗舰店

官方微博 http://weibo. com/2119887771

北京通天印刷有限责任公司印刷　各地新华书店经销

2022年4月第1版第1次印刷

开本：710×1000　1/16　印张：12

字数：142千字　定价：49. 80元

再版序

此书得以再版，倍感欣慰。

这本书出版的这一年多，是国内整个教育培训行业最动荡的一年。因为各种因素的影响，整个教育培训行业发生了很多的变化。不论是从业人员、学员还是家长，都在用全新的眼光审视这个行业。特别是最近一年，脑力竞技在热度退去几年之后，似乎又重新变得火热起来。越来越多的成人脑力爱好者、青少年、儿童开始加入这个游戏的行列，竞技记忆又一次成为记忆的主流。

作为2016年马拉松扑克记忆比赛项目的世界第三、中国第一，石燕妮老师在这本书中毫无保留地把一些经验和秘诀都写了出来，就是希望更多的爱好者和参与者在学习这些方法的时候能够少走一些弯路，就是希望大家在训练过程中遇上问题的时候能够从这本书中找到解决的方案，就是希望很多人在训练到绝境，心灰意冷准备放弃的时候能从这本书中重新找回自信。如果这本书能够给到大家这些帮助，将是我们最大的心愿。

我们兄妹两人，一个从竞技开始，一个从应用开始，算是在自己的领域小有收获。所以在内容的分享上，一个更偏向于专业技术，条条都是绝对干货；一个更偏向于心理心态，句句都能深入内心。

我们也真的希望能以微薄之力，助大家在记忆力学习和训练的道路上能够走得更踏实、更稳健、更久远，直至达到自己的目标。

如果此书对您以后的生活、工作、学习、比赛哪怕有一丁点儿的帮助，在您取得好成绩的时候，记得告诉我们。

我们会一起为您骄傲！

石燕妮　石伟华

2021.09.09

第一版 序

主持人：观众朋友们，大家好！

欢迎大家来到《天才对话》节目的录制现场，我是珊珊。这期节目将由我带大家一起走进记忆大师和记忆导师的世界，一起来聆听他们脑海中的那些不为人知的神秘故事。

接下来，我们先通过一个短片了解一下记忆法在中国的发展。

画外音：

自记忆法传入中国，至今已有十几年的时间。目前有关记忆方面的书籍、教学和培训机构可以说是遍地开花了。

总体来看，记忆法的研究和教学主要是两个方向。

一是竞技比赛方向。主要学习和训练如何更快、更多地记忆数字、扑克等无规律的信息，并且不断地追求同样信息量的更快速度和同样时间内的更高数量。

二是实际应用方向。主要学习和研究如何把记忆法用在日常的学习、工作和生活中，用来更快地记忆古汉语、外语单词、法律条文、医学资料、各类学科知识等相关的文字信息。

从竞技比赛方向来看，自张杰、王茂华两位老师率先取得世界记忆大师的称号以来，中国已经产生了近千位世界记忆大师。尽管记忆大师的门槛越来越高，但是每年的世界脑力锦标赛仍然会产生几十位甚至上百位世界记忆大师。由此可见，中国仍然有一大批的人还在朝这个方向不断努力，把这项竞技运动的整体水平不断推向一个又一个新的高度。

从实际应用方向来看，张海洋老师应该算是这方面的领路人，特别是近几年开始的“中华经典记忆大师”认证把记忆法的应用推向一个新的高度。一天记忆800个英文单词，24小时记忆《道德经》全文等，这类纪录也在不断地刷新。更重要的是，很多中小学生、大学生、成人在此方法的帮助下，顺利地通过了考试，取得了好成绩。

随着超级记忆这项运动的不断普及，国内有关记忆力训练的专业书籍、光盘、教学机构已经是遍地开花，形成百家争鸣的景象了。也有很多娱乐类节目让全国更多的观众了解到了这一群人和这一项运动，国内的记忆力训练爱好者也越来越多。

那么，这些超强大脑是不是生来就智商过人呢？在光鲜外表的背后，他们又付出了什么样的努力，有哪些不为人知的经历呢？那些曾经被老师和家长们放弃的学渣们又是如何利用这项技术快速地逆袭成为学霸的呢？

请继续收看《天才对话》系列节目之“从记忆高手到记忆大师”。

主持人：十几年来，不论是竞技还是应用，都出现了很多优秀的人才。今天我们有幸请到了这个领域的两位代表：一位是特级记忆大师，一位是记忆应用专家级教练。

在今天的节目现场，两位老师将会给我们揭开超级记忆背后的很多不为人知的秘密，同时也请大家准备好自己的问题，一会儿请两位老师现场为大家解答。

这两位老师分别是谁呢？

让我们先通过一个短片了解一下两位老师的背景资料。

石燕妮，特级记忆大师（GMM），2016年世界脑力锦标赛马拉松扑克世界排名第三、中国排名第一。思维导图认证管理师、心智图法认证特级讲师、环球记忆锦标赛推广大使。

石伟华，中国记忆力培训金牌讲师，国家注册心理咨询师，魔术师，催眠师。师从记忆培训导师林约韩老师，擅长记忆法在工作学习中的应用，著有《超级记忆：破解记忆宫殿的秘密》《学霸都在用的超级记忆术》等十几本专著，其作品生动有趣、通俗易懂，其授课风格风趣幽默，所授课程被誉为记忆界的相声课。

主持人：好，那让我们用热烈的掌声请两位老师上场！

目录
CONTENTS

第四章 学以致用

第五章 心态致胜

第六章 记忆表演的门道

第七章 聊点儿八卦

第一章
打开记忆之门

CHAPTER 1

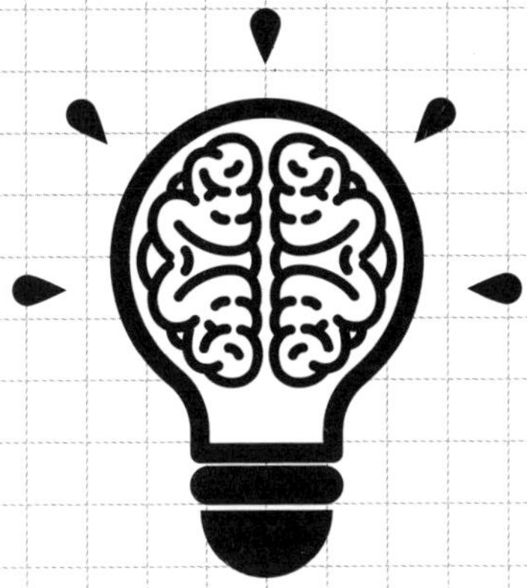

- 不太聪明的记忆大师
- 坚持胜于天赋
- 每个人都能成为同辈人中的“记忆大师”
- 记忆大师的起跑线
- 3个月成为记忆大师

主持人：欢迎两位老师来到《天才对话》节目录制现场。刚才通过短片，大家对两位老师有了一个大概的了解。石燕妮老师是特级记忆大师，算得上记忆大师中的精英，就是我们平常所说的“精英中的精英”，在国内的竞技比赛界有很高的地位。

石燕妮：您过奖了。

主持人：我们之前在很多的电视节目中看过燕妮老师的表演，那惊人的记忆能力确实让人觉得不可思议。我们很期待在今天的节目现场，燕妮老师也能给我们现场的观众展示一点绝活儿。

石燕妮：没问题，只要大家喜欢。

主持人：石伟华老师是脑力开发这个行业真正的导师级大师。他已经出版十几部脑力开发方面的专著，在记忆法的实际应用方面有很多自己独到的见解，对中小学生、大学生以及成人考试人群、职场人士的学习、考试起到了很大的帮助。

石燕妮：是的，我哥在应用方面确实非常厉害，在这一点上我自叹不如。

石伟华：你瞧我妹妹多会说话！

主持人：确实是非常优秀的兄妹俩。今天两位老师能同时参加我们的节目，也真的非常难得。所以，现场的观众朋友一定要好好珍惜今天这个机会，赶紧准备好自己的问题，一定要把两位老师身上的法宝全部挖掘出来。

石伟华：挖出来……哈哈，我怎么听着这么瘆得慌！感觉像是个医学解剖类的节目。

石燕妮：哈哈哈哈，听我哥这么一说，我怎么也感觉浑身起鸡皮疙瘩。

主持人：哈哈。两位老师的大脑就像是一座宝藏，大家好不容易有机会这么近距离地接触到这座宝藏，那肯定是能多挖点就多挖点！

石燕妮：那您离我们最近，应该能挖到得最多。

石伟华：怎么感觉像要给我们开颅。先给我来两针麻药，我怕疼！

石燕妮：哈哈哈哈，哥你能正经点吗？

不太聪明的记忆大师

主持人：既然燕妮说我离得最近，那我就先替大家问几个很多人关心的问题。

石伟华：那您挖宝藏是用“手术刀”还是用“洛阳铲”？

石燕妮：哥，你快闭嘴先歇会儿吧！

主持人：我就用我这“销魂掌”。

石伟华：你看我妹不让我说话！

主持人：哈哈。你当哥的肯定要听妹妹的。其实很多人一直很关心一个问题，就是“记忆大师是不是特别聪明”。我们从很多电视节目上看到，记忆大师个个身怀绝技，像燕妮老师能够在1分钟内记住近百人的长相，1 小时内记住几十副洗乱的扑克牌。所以，很多观众都想知道，记忆大师是不是都特别聪明？

石伟华：我觉得聪明这事应该……妹，我能说话吗？

石燕妮：说吧，批准了！哈哈。

主持人：看这哥哥当的，多听话。

石伟华：我觉得聪明是个很笼统的概念。只能说记忆大师的记忆力非常好，但聪明不聪明这还真不一定，因为我也见过特别笨的记忆大师。

石燕妮：你是不是又想嘲笑我特别笨？

石伟华：我见过很多比你还笨的……哈哈哈哈。

主持人：这话听起来还是在说燕妮笨。

石燕妮：哥！收住！收住！录节目呢！幸好不是直播，你再不收敛点儿，以后哪个电视台还敢用你！哈哈哈哈。

主持人：伟华老师，您觉得聪明应该如何定义？为什么说记忆大师不一定聪明呢？

石伟华：人类大脑的左脑和右脑分管不同的信息。**左脑负责逻辑、推理、运算、语言、分析，也就是数学脑，主要负责理性的信息。**比如我们解各类智力题、智力玩具都主要由左脑来完成。当然“智力急转弯”那种类型的不算。

主持人：那是不是可以理解为数学不好的人左脑肯定不发达。

石伟华：可以这样理解。数学、物理、逻辑、计算机编程等学科能学好的，左脑肯定很发达，这样的人可能会被人们认为是“聪明”的。

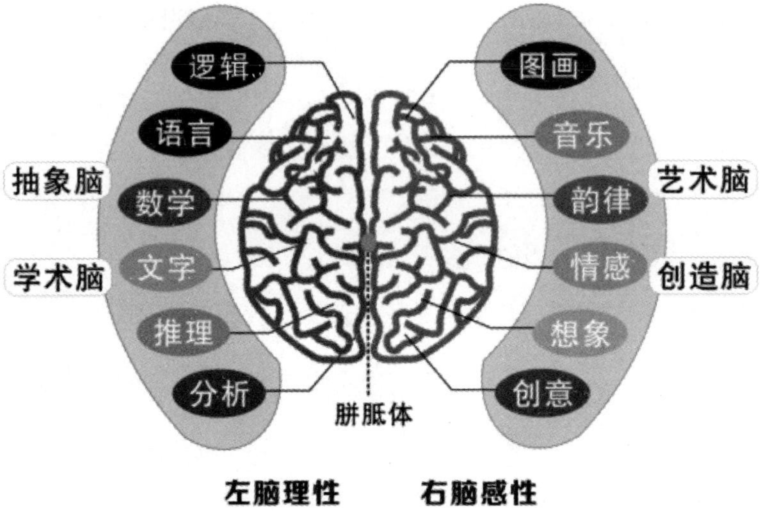

主持人：那右脑发达的人擅长什么呢？

石伟华：**右脑负责图像、情感、艺术、创作，也就是艺术脑，主要负责处理感性的信息。**比如唱歌、跳舞、画画、音乐，都是由右脑来完成的，包括人的情感处理也是由右脑来完成的。其实还有很重要的一点也是由右脑来完成的……

主持人：那是什么呢？

石伟华：这个说出来可能业内的很多专家不认可。

主持人：没关系。咱们是谈话类节目，不是学术探讨。

石伟华：主要是节目一播出，又不知道有多少专家同行会跳出来骂我胡说八道。也无所谓，我已经被骂习惯了。

石燕妮：我觉得也是，你要胡说八道，我第一个跳起来骂你。

石伟华：主持人你看，我还没说啥呢，就有人跳起来想骂我了。

主持人：哈哈，燕妮你先让你哥说完。要真胡说八道，咱俩一块儿跳。

石伟华：右脑发达的人还有一个很大的特点，就是特别会处理人际关系。我指的是右脑天生发达的那种。

石燕妮：这根本就是胡说八道。你看那么多的艺术家，有几个能把人际关系处理好的。我看是“不疯魔不成活”。

主持人：确实有不少艺术家是疯疯癫癫的。

石伟华：是的。但是如果我们从另一个角度来看，当年的同学中那些数学、物理学不好的人，他们是不是都能在各种环境下游刃有余地处理人际关系呢？

主持人：好像确实是这么一种情况。

石伟华：所以，左脑发达能解决各种与人无关的问题，右脑发达则能解决各种与人有关的问题。我们经常说的聪明是指左脑发达的这类人，而我的观点是这两种人都算聪明。

主持人：这种分类方法还是比较新颖的。那回到我们刚开始的问题，按您刚才的观点，记忆大师的聪明是不是应该属于左脑聪明呢？

石伟华：错了。

石燕妮：哥，你说话能不能委婉一点。什么叫“错了”，你应该说“不完全正确”。

石伟华：这有区别吗？

主持人：没区别！没区别！不，有区别！有区别！唉！你们真是难倒我了，我应该回答“有区别”，还是应该回答“没区别”。

石燕妮：哈哈，我哥这人说话很直白，您就当没听见。

石伟华：我的意思是说记忆大师还真不属于左脑聪明的人。当然，也有很多左脑很聪明的记忆大师，但我要表达的意思是：能不能成为记忆大师和左脑是不是聪明没有关系，当然跟右脑发不发达也没有关系。

主持人：那跟什么有关系呢？

石伟华：记忆大师除了记忆力好，其他的能力都不好，所以根本不能叫聪明。

石燕妮：你又说错了，什么叫其他的能力都不好？！

主持人：我似乎也感觉这话有些完全看不起记忆大师的意思。

石伟华：误会误会！我收回。我重新组织一下语言，我想想这话应该怎么说……

主持人：是不是说记忆大师的称号只能证明一个人记忆力非常好，但其他的能力需要另外的方式才能证明。

石伟华：对对对！就这意思。比如我妹，大家都知道她是记忆大师，都知道她能现场表演各种记忆绝活，但是她能现场表演神奇的魔术吗？这个问题就不好说了。

石燕妮：你是不是想说我的魔术没有你表演得好？

石伟华：我还真没这意思！不过你确实没我表演得好！哈哈。

主持人：哦？！原来燕妮也会表演魔术？！

石燕妮：有这么一个能显摆的哥哥，我想不会都难！哈哈。

主持人：看来我们还有机会请两位再拍一档魔术表演节目！不过，这次的节目先讲记忆，回到刚才的问题。伟华老师刚才说了，记忆大师并不需要特别聪明。我这次表达得没问题吧？不会再给全国的观众造成歧义吧？

石伟华："需要"这个词用得特别好。

主持人：那好。我们接着来探讨，记忆大师是不是天生就记忆力非常好呢？

石伟华：我觉得，这个问题我妹最有发言权。

石燕妮：我哥的意思就是想表达我小时候记忆力特别差。

主持人：我怎么感觉你总觉得你哥一直在欺负你？

石燕妮：他就是敢嘴上欺负我，其他方面对我还是挺好的。

主持人：伟华老师好好学习学习燕妮怎么夸你！

石伟华：我拿本记上。

观众笑。

主持人：你小时候记忆力很差吗？那你怎么能成为记忆大师呢？

石燕妮：就是因为小时候记忆力不是很好，没能考上很好的大学，所以才在工作以后反思这个问题，并努力寻找好的记忆方法。

主持人：哦。原来是因为记忆力不好才学的记忆法。那是不是每一个记忆力不好的人都能学会这套方法，并成为记忆大师呢？

坚持胜于天赋

石燕妮：大部分人都可以学会记忆方法，成为记忆大师。

石伟华：理论上是这样，但实际上并不是，要不全国早就都是记忆大师了。

主持人：伟华老师的意思是？……

石伟华：如果每个人都能像记忆大师一样坚持下去，那大部分人都能成为记忆大师。

石燕妮：是的。想成为记忆大师的人很多，真正参加记忆大师的学习和训练的人也不少，但是真正能坚持到最后的不多。

主持人：为什么呢？是不是训练的内容很难？

石燕妮：恰恰相反。其实记忆大师的训练非常简单，就像跑马拉松一样。每个人都会跑步，关键是能坚持多久。每天跑1公里，大部分人能坚持一个月甚至更久；如果每天跑10公里呢？如果每天跑一个马拉松全程呢？估计能坚持下来的人就少之又少了。

主持人：看来想成为记忆大师，最重要的并不是智力，而是毅力。

石燕妮：是的。在训练的方法和策略正确的前提下，最后的成绩和自己平时的训练时间是成比例的。训练的量达不到，不可能有很好的成绩。就拿最基本的地点桩来说，你大脑中的地点桩是有1000个、3000个，还是10000个，就决定了最后两个马拉松项目的成绩。

主持人：这个我就有些听不懂了。那一般的记忆大师需要多少个？或者说至少要有多少个才算是合格？

石燕妮：一般来说，要想应对世锦赛的比赛项目，没有2000个地点桩是不可能的。而想平时训练达到一定量的话，至少要准备3000个。

主持人：这确实有些专业了。其实我更关心的是普通人能够坚持下来的概率有多大？

石燕妮：这个主要还是看个人。

石伟华：我的理解是，能不能坚持主要看自己参加训练的动机。如果是纯兴趣爱好、纯玩的心态，能坚持下来的概率就很高，但效率会很低，有可能两年、三年甚至更长时间都达不到合格的标准。

主持人：那什么心态效率高呢？

石伟华：破釜沉舟的心态。

主持人：怎么理解？

石燕妮：我哥的意思应该是指必须拿下记忆大师的那类人。因为我训练的时候，就有很多学员把原来的工作辞了，把自己所有的积蓄用来支付学习和训练的学费、生活费。他们完全没有退路，必须当年把这个记忆大师的资格拿下。我当初也是辞职了专门去训练的，不然我可能也成不了世界记忆大师，那也就没有机会在这里和大家分享这些内容了。

主持人：这确实是破釜沉舟。

石伟华：这样的选手往往最可怕了，一路冲锋。有不少选手第一次参加世锦赛，不仅超过了记忆大师的及格线，还拿到了很好的名次。

主持人：一战成名？

石燕妮：是的。不过近几年一战成名越来越难了。

主持人：为什么呢？破釜沉舟的人太多了？

石燕妮：那倒不是，因为近几年认证的标准有了新的变化。很多已经取得记忆大师的人还会继续参赛，希望能在决赛上拿到更好的名次。这些大师可能已经训练了两年、三年甚至更长时间，和这些老将比起来，只训练一年的选手还是显得稚嫩得多。

主持人：看来要成为记忆大师越来越难了。

石燕妮：那倒不是。想成为有名的记忆大师越来越难，但是如果仅仅是想取得“记忆大师”的头衔，难度并没有增加多少。因为这个头衔是不限制名额的，只要达到及格线就可以。

主持人：是不是可以理解为只要及格就能毕业，而不需要像考大学一样，必须考进多少名才行？

石伟华：这个比喻相当恰当!

石燕妮：哥你原来并不是不会夸奖人，只是从来不夸奖我。

石伟华：你这句评论也相当到位！

主持人：我问一下现场的观众，大家知道要达到什么标准才能算是及格吗？仅仅是及格！

石燕妮：我觉得这个应该有很多的爱好者都知道吧！

主持人：燕妮给我们提供了一份《2020年世界记忆大师评定标准》，我们一起来看一下。（见附录1）

主持人：哇，看起来好难的样子。

石燕妮：其实也不难的，我经常跟人家说，我都能成为世界记忆大师了，那所有人都能够成为世界记忆大师的。

主持人：那我也可以成为世界记忆大师？

石燕妮：是的，所有人都能成为世界记忆大师！

石伟华：除了我！

观众大笑。

每个人都能成为同辈人中的“记忆大师”

主持人：看来记忆大师并不是天生就有这样的能力，我们每个人只要愿意付出努力，都有机会成为记忆大师。非常感谢燕妮老师带给我们这样的信心和希望。接下来我们看看现场的观众有什么问题要问。

观众A：燕妮老师你好。

石燕妮：你好。

观众A：我也是一位记忆力爱好者，经常在电视上看你的表演，是你忠实的粉丝。我也很希望自己能成为一位像你这样的记忆大师。

石燕妮：谢谢你！

观众A：我想问的是，我今年已经52岁了，像我这样的年龄还有机会成为记忆大师吗？和年轻人相比，难度是不是增加了很多？谢谢！

主持人：这个问题确实问出了很多大龄爱好者的心声啊！刚才这位观众说自己52岁了，那从你们专业的角度来说，多大年龄是最适合考取记忆大师的年龄？多大年龄以后就不建议再做这方面的训练了？

石燕妮：其实年龄并不是主要的问题。目前世界脑力锦标赛已经分为儿童组、少年组、成人组和老年组4个组别。每年的决赛场上都能看到老年参赛者的身影。

主持人：多大要参加老年组呢？

石伟华：60周岁以上吧。

石燕妮：是的，超过60岁的就要参加老年组。

主持人：那他们的比赛成绩如何呢？

石燕妮：每个级别都是单独计成绩的。也就是说老年组的选手只和老年组的比。到目前好像还没有老年组的选手拿到“记忆大师”称号。

主持人：那这是不是意味着人类的大脑超过60岁以后就不可能有这样超强的记忆力了？

石燕妮：那还真不是。在我参加比赛那会儿，就遇到一个香港老年团队，他们平均年龄70多岁，最大的是91岁，最小的是67岁。我只比了一年就没有继续参赛了，但香港的这个老年团队第二年、第三年还继续比赛。大陆也有不少老年人在参加比赛呢，我的好多记忆大师朋友的爸妈都在参加。

主持人：哇，这个比较有意思。一般的能力都是向下传，爸爸妈妈传给孩子。这个是向上传，孩子传给爸爸妈妈。

石燕妮：哈哈。其实参加比赛是一种精神。虽然目前没有在60岁以后拿到“记忆大师”的，却有人在拿到“记忆大师”后过了60岁再来参赛的。

主持人：年轻的时候拿了“记忆大师”，等60岁以后又重返赛场？

石燕妮：是的。曾经蝉联8届世界脑力锦标赛冠军的多米尼克先生，60岁时又重返赛场，并拿到了老年组冠军的荣誉。

主持人：这才叫宝刀不老，对吧？

石燕妮：我也有个目标，就是等我60岁之后，也重出江湖，去破个马拉松扑克的老年组世界纪录。

主持人：那我就争取60岁以后还能主持节目，去你们的比赛现场客串一把主持人。

石伟华：那我可能只能到现场做一名最年长的志愿者了。

观众笑。

石伟华：其实从生理的角度，人类大脑记忆力最好的时间段是15~25岁这10年的时间。过了35岁以后，大部分人的记忆能力开始出现大幅度下滑，这也是为什么大部分人的“记忆大师”称号都是在35岁前取得的，更多的是在25岁前取得的。

主持人：那是不是意味着过了35岁就没有机会了？

石燕妮：我觉得35岁完全没有问题，甚至52岁也没有问题。主要还是要看你愿意花多少时间和精力来做专业的训练。

主持人：那为什么老年组的选手目前没有拿到“记忆大师”称号的？

石伟华：我觉得之所以老年组的很难通过记忆大师的考核，更大的原因是参赛的目的不同。大部分的成年组参赛选手，包括一些在校的大学生，会拿出3~6个月的时间来进行职业训练。他们的目的性非常强，就是冲着“记忆大师”的头衔去的。

主持人：那老年组的都不是冲着这个头衔去的吗？

石伟华：虽然也有一部分，但区别是，成人参赛者一旦拿到“记忆大师”的头衔，可能就意味着会有一份不错的工作，可能就意味着以后的几年甚至更长时间就会从事一份和记忆培训相关的职业。而拿不到“记忆大师”称号，就意味着要重新找工作活下去。所以很多年轻人愿意花几万块的培训费和几个月时间赌在这上面。

石燕妮：确实是这样。很多人都希望用“记忆大师”的头衔给自己打造一张金名片，但实际上真有了这张名片，工作并没有想象的那样轻松、愉快。就像我，现在的工作和生活状态和普通的培训师没什么区别。

主持人：那是您太低调了。那为什么老年组的选择就不一样呢?

石伟华：因为老年组的选手参加比赛大部分是出于纯粹的兴趣爱好，他们中的大部分已经退休在家，有稳定的收入，也不想再通过这个头衔去重新工作、重新创业。能拿到“记忆大师”的头衔固然很开心，拿不到也不会失落，“重在参与”。

主持人：也就是说老年人如果像年轻人一样全职训练3~6个月，同样可以拿到“记忆大师”?

石伟华：理论上是这样。但实际上，随着年龄的增长，大脑的记忆能力确实会下降。就像我说的，超过35周岁以后，记忆力可能会出现大幅下滑的现象。这时候如果再想通过记忆大师的考核，就需要付出比年轻人更多的努力了。

石燕妮：是这样的。但是老年人也有老年人的优势，比如在快速扑克这种比拼速度的项目上，老年人确实不占优势，但是在类似马拉松数字、马拉松扑克这种比拼耐力的项目上，老年人可能比年轻人更有优势。

主持人：是不是就像好多老年人去参加马拉松比赛，但很少有老年人参加百米跑?

石燕妮：是这样的。但是快速扑克这个项目的及格线对于老年人来说还是完全可以做到的。2019年的及格线是60秒。

主持人：60秒是什么概念？

石燕妮：就是记忆一整副扑克牌的时间不能超过60秒。

石伟华：有个前提，就是52张一张不能错。

主持人：60秒才是及格线？那你们这些特级记忆大师的成绩得多快？

石燕妮：我参赛的那几年，中国能从国家赛冲出突围进入世锦赛决赛的基本都在1分钟之内，而且大部分选手是在40秒之内的。

主持人：哇！感觉40秒看一遍都不可能。

石燕妮：近几年的成绩已经突飞猛进了。我参加比赛那年，30多秒的成绩已经属于高手的级别，我那时的成绩也是三十几秒，2016年快速扑克项目的最好成绩是20秒。目前的世界纪录是邹璐建在2017年的时候创下的13.956秒，据说目前还没有人破这个世界纪录。不过近几年选手的成绩已经突飞猛进，很多高手都是二十几秒，三十几秒的都不好意思出来说了。

主持人：哇，真是太厉害了！我们回到刚才的话题，刚才这位观众说52岁想参赛考个记忆大师，看来还是很有希望的？

石燕妮：是的。52岁完全没有问题的，但是要有足够的心理准备，要比年轻人花费更多的训练时间，要有更高的训练强度。虽然这个年龄想在世锦赛上拿个名次确实有些困难，但是想达到记忆大师的及格线还是有很大希望的。

主持人：那这位观众还要继续努力，我们期待在不久的将来看到您在世界脑力锦标赛的赛场上满载而归。

石燕妮：加油！

石伟华：坚持训练，您一定能行！加油！

主持人：加油！那我们再来听听下一位观众有什么问题。

记忆大师的起跑线

观众B：两位老师好。我想知道，对孩子来说，记忆大师的训练从多大开始合适呢？是不是越小越好？

石伟华：当然是越小越好。

主持人：这个问题估计也是问出了很多家长的心声。刚才伟华老师说越小越好，但是咱们有没有具体的建议？比如从几岁开始训练更合适。

石伟华：不同的年龄段应该进行不同的训练。如果纯粹是为了参加比赛，我觉得燕妮对这个问题更有发言权。

石燕妮：哈哈，那你刚才干吗这么着急地抢着回答“越小越好”？

主持人：燕妮老师看来有不同的意见？

石燕妮：也不能叫不同意见。只是从目前这几年的情况来看，10岁以下的孩子参加比赛的整体情况不是很好。特别是在马拉松项目上，儿童组的选手明显处于劣势。

主持人：是他们的大脑还没有发育成熟吗？

石燕妮：我觉得更多的还是小于10岁的孩子，很少有能坚持1小时一直做机械、枯燥的记忆训练的，我想这才是主要的原因。如果说他们的大脑没有发育成熟，但他们在快速扑克、快速数字上的成绩并不比成人组差多少，我说得对吧，哥？

石伟华：应该说在短时间的快速记忆项目，特别是1分钟之内的记忆项目中，儿童有更大的优势。因为我多年来从事的是应用记忆，比如记一首古诗、短文，好多10岁以下的孩子根本不需要任何记忆方法，看一遍自然就能记下来。但是如果让他们连着记3首诗，可能大部分孩子就会出现烦躁和抵触情绪，这时候记忆效果就会大打折扣。

主持人：儿童的自控能力相对成人差。

石伟华：是的。长时间干一件事，大部分儿童坚持不了。

石燕妮：但是也有优秀的。比如世界上最年轻的世界记忆大师是闫家硕，她拿到“记忆大师”称号的时候才10周岁。

主持人：这个小女孩我听说过，好像是山东的对吧？

石伟华：是的，山东济南的。

石燕妮：其实每年都有很多儿童参加世锦赛。大部分孩子没能取得“记忆大师”的资格，大部分是败在马拉松的项目上。

主持人：那如果从更小的时候开始训练，会不会好点呢？

石伟华：这个还真不一定。因为马拉松考验的并不是孩子有没有记忆的能力，更多的是考验孩子能不能坚持1小时不乱动，并且专心地做一件事。当然，我说的不动不仅是身体，还要大脑不能开小差儿、不能出现情绪波动，能够一直专心地记忆。

主持人：这对于10岁以下的孩子来说确实有点难。那两位老师建议，孩子从几岁开始训练更合适呢？

石燕妮：就方法来说，其实五六岁就可以训练。越小的孩子图像感越好，图像记忆的能力越强。关键问题还是如何让这么小的孩子能够坚持训练，因为说实话，训练是非常枯燥的。

主持人：看来这种训练更适合老年人，哈哈。

石伟华：是的。从这个角度来说，确实更适合老年人，因为他们更能耐得住寂寞。但是从生理的角度来说，老年人训练的效果较年轻人还是有很大的差距。

主持人：那两位老师建议，孩子几岁开始训练、训练什么内容合适？

石燕妮：其实比较适合训练而且训练效率比较高的年龄是15~25岁。这也是为什么大部分的“记忆大师”称号都是在这个年龄取得的。

主持人：看来儿童还不适合训练？

石伟华：我的建议是选择一些适合儿童的训练项目，以培养兴趣为主，不要有太多的功利心。这样训练的效果可能会更好。

主持人：比如呢？

石伟华：比如6岁以下的孩子可以做色卡等专注力方面的训练，也可以做一些地点桩的记忆训练。6岁以后可以适当加一些编码训练，适当练习数字和扑克的记忆。

石燕妮：其实记忆大师的正规训练，我个人建议至少要小学之后再进行，至少是在没有父母陪同和监督的情况下能够独自安静练习才可以。

主持人：也就是说至少孩子得能坐得住才行。

石燕妮：是这意思。

石伟华：幼儿园的孩子我更建议做一些和记忆力有关的亲子互动游戏，通过游戏来提高孩子的兴趣。我不太建议父母强迫孩子去做专业的训练。成人都很少能坚持下来，我们干吗要去为难几岁的孩子呢？

主持人：是的，培养兴趣确实更重要。

石燕妮：是的，对孩子来说，建议以培养兴趣为主。但如果已经到了大学阶段，建议大家就要认真地想想，想好了再做决定。

3个月成为记忆大师

主持人：很多的观众朋友也想知道，如果是正规的训练，普通人大约需要多长时间能达到“记忆大师”的及格水平呢?

石伟华：这个问题燕妮最有发言权。

石燕妮：如果是零基础的话，建议至少要考虑6个月的时间，3个月基础，3个月提升。

主持人：至少要半年。

石燕妮：不过如果接受能力很强的话，3个月也有可能成为世界记忆大师。跟我一起训练的一位同学，他只训练了3个月，最终达到了及格线，成为世界记忆大师。

主持人：看来人和人还是有很大差距的。

石燕妮：我以前教过一个学员，一个大学生。我教她记牌，第一天她练习了10副牌，第二天记牌，就在她爸爸面前记了一副牌。只记一遍，用了6分半时间。然后直接给她爸爸一张一张地背出来，全对。这种人就是接受能力特别强的人。

主持人：就一天?厉害!

石伟华：我当年练到这水平用了2年半。

观众笑。

石燕妮：记得我第一次记一副牌的时候，看了2遍，用了半个多小时，还好能够全对。而且在训练的时候，别人记一副牌大约需要5分钟，可以记3遍。我是拼了命去记，5分钟才记完，而且只能记1遍。所以我当时的水平只有其他同学的1/3。

主持人：5分钟对我们普通人来说也已经很厉害了。

石燕妮：我属于接受能力比较差、进步比较慢的人。好在我没有放弃，一直坚持训练，到最后我的水平超过所有的同学，甚至超越了我的教练。

主持人：哇，那燕妮老师您是属于厚积薄发、大器晚成啊。此处可以有掌声。

观众鼓掌。

主持人：那平常人训练6个月，每天要训练多长时间呢？

石燕妮：每天训练八九个小时吧。

主持人：我们平常上班也才8小时呢，那你们训练时间比上班时间还长，那就是要求除了吃饭、睡觉，就是训练？

石伟华：大致可以这样理解。普通人，特别是零基础的人想成为记忆大师，至少要经过1000小时的有效训练。

石燕妮：差不多1000小时吧。但也和很多因素有关，有的人可能800小时甚至500小时就够了，有的人可能2000小时，甚至终生也练不出来。

主持人：需要的训练时间和哪些因素有关系呢？

石燕妮：比如导师的方法是不是最科学的，比如训练时的心理状态是不是最好的，比如训练环境是不是适合，等等。简单讲，一个人在家里练和到专业的机构跟着团队一起练的效果肯定不一样。

石伟华：这话听起来像是给培训机构做广告。

主持人：还好，我们没提哪家机构，不然真要收广告费了。

石燕妮：这不是广告。因为一个人在家练习，没有对比，没有人督促和监督，没有人每天制订计划、检查训练完成情况，效率就是低。

主持人：是的，如果有一群人一起训练，当看到自己和别人有差距的时候，就会更加努力。

石伟华：没错。这就是为什么有的人在家训练两三年都进不了国赛，而有的人就跟着导师的团队训练不到半年，就拿到大师称号了。

主持人：燕妮是自学的还是机构培训出来的?

石燕妮：我肯定是机构训练出来。最重要的还是当年带我的教练非常优秀，不然我也不会只训练9个月就拿到“记忆大师”的称号。

主持人：9个月，确实佩服你们。

石燕妮：9个月已经是比较慢的了。

石伟华：不是我妹太优秀，是人家教练太优秀。

石燕妮：对，我的教练确实是很优秀，而且我还有4个教练呢，陆伟教练、杨雁教练、陈智峰教练、聂东东教练。杨雁教练还是当时的中国快速扑克第一人，他的快扑成绩是21秒，差1秒就破世界纪录了。

主持人：师徒都要优秀才能培养出来啊!

石伟华：是的，名师出高徒嘛！燕妮属于高徒!

石燕妮：我哥的意思就是想说他属于名师!

石伟华：这可是你说的。我指的是你的教练们。

观众大笑。

第二章

初窥门径

CHAPTER 2

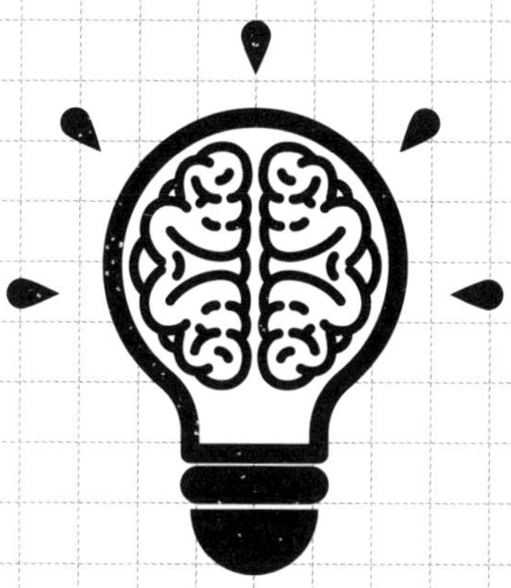

- 快速记忆的核心是图像
- 记忆能力的培养是记忆习惯的培养
- 专注是高效记忆的第一步
- 编码与图像转化
- 图像定桩与记忆宫殿

主持人：刚才听两位老师讲了这么多，我们对记忆大师训练的了解更全面、更具体了。之前总觉得记忆大师们个个都是遥不可及的神一般的存在，听完两位老师的介绍，我现在都跃跃欲试，想去考个记忆大师的资格了。

石燕妮：可以啊！每个人都有机会的。

石伟华：你可以找我妹学，通过我报名学费可以打折！

主持人：最高可以打几折？

石燕妮：先把我哥打骨折再说！

石伟华：主持人，你觉得我这妹像是亲的吗？

观众大笑。

主持人：接下来的这些问题，可能就相对比较专业了。我这里收录了一部分观众比较关心的问题，说实话很多问题我根本不知道问的内容是什么。不过大家还是希望通过今天的节目，能让更多的人了解或者学习到一些记忆大师的真本领。

石燕妮：只要我们会的，我们一定分享给大家。

石伟华：尽管放马过来！

主持人：那太好了，大家是不是要掌声感谢一下？

快速记忆的核心是图像

主持人：我们都知道，记忆大师最让人佩服的一点就是记忆的速度非常快，可以说是快到“惊人”的地步，一点也不夸张。和普通人相比，不是快个一倍、两倍，而是快十几倍甚至几十倍、上百倍。更重要的是，很多内容在普通人看来是完全没有可能记住的，比如上万位的圆周率、几十副扑克牌、指纹、钥匙等。大家特别想知道，你们究竟是如何把这些毫无规律的信息装进大脑的？

石伟华：这里我先卖个关子，只告诉大家一句话，“所有的信息都是图像”。

主持人：这关子卖得我们一头雾水啊！

石燕妮：我哥这人最令人讨厌的地方就是喜欢故意卖关子。

石伟华：燕妮你先别激动。我之所以要这样做，是因为我在接触记忆法之前也有过类似的经历。很多年前有个挑战类电视节目，有个欧洲的小伙子到中国来现场挑战一分钟记一副扑克牌，遗憾的是挑战失败了。现在看来，这水平在记忆大师的圈子里属于中下游的水平，但是十几年前敢于做这个挑战已经是非常了不起的了。

主持人：如果挑战成功的话，也算是记忆大师的及格水平了吧。

石燕妮：是的。中国大部分的记忆大师平时都差不多这水平。

石伟华：这不是重点。重点是挑战失败后，当时的主持人问他“你是如何在这么短时间内把一张张扑克牌记忆到大脑中的”，我对他当时的回答印象特别深刻。

主持人：他怎么回答的？

石伟华：他说："我把每一张扑克牌都变成一个图像，我只需要把这些图像按一定的顺序记在脑子里就可以了！"

主持人：完了？

石伟华：是的，就是这样回答的。你现在听到这样的回答什么感觉？

主持人：我的感觉就是"听不懂！"。怎么变成图像呢？

石伟华：太对了，我当时也是这感觉，好像听懂了，又好像没听懂。懂的是要把扑克牌变成图像，不懂的是怎么把扑克牌变成图像呢？完全是一头雾水啊！

主持人：对对对，就这感觉。

石伟华：直到几年后我又看到另一个挑战类节目，就是我的老师的老师张海洋老师，他现场挑战听记100位数字并倒背出来。那次挑战成功了，主持人问了同样的问题，海洋老师做了同样的回答。

石燕妮：这个答案本身没有问题，只是对于外行来说需要做进一步解释才行。

石伟华：太对了。在这一点上就看出张海洋老师比那个欧洲小伙子高明的地方了。他在告诉大家要把数字变成图像后，又举例做了说明，我印象特别深刻。张海洋老师说："比如我要记6779，我就把67想象成楼梯，把79想象成气球，我只需要在大脑中想象一个楼梯上挂满了气球的画面，就可以把这4位数字记下来了。"

主持人：噢！这样一讲我也明白了！

石燕妮：张海洋老师不愧是记忆法应用推广的行业带头人。

石伟华：能用最简单易懂的方式说明最复杂的道理，这样的人叫什么？

主持人：什么？

石燕妮：又开始卖关子，快说是什么？

石伟华：叫“人才”！

观众笑。

主持人：不过我还有个问题不是特别理解。为什么把信息转换为图像后，记忆的速度就会变快呢？按理说，这是额外增加了大脑的工作量啊！

石燕妮：这个就需要大量的训练。其实记忆大师的训练初期就是训练把数字和扑克转换成图像。转换得越快，记忆的效率就越高。

主持人：那要训练到多快呢？比如我要把数字25转换成图像，一般的记忆大师需要多长时间？

石燕妮：都要在0.5秒以内，越是高手，转换的速度越快。我当时训练的转换速度是0.2秒，这是有专门的训练软件来测试的。

主持人：0.2秒？！天呐，这也太快了吧！

石燕妮：是的，几乎感觉不到花了时间的。看到一张扑克或者一个数字，图像自然就在大脑中形成了。当然这个训练需要很长的一段时间，刚开始学习的时候，转换一个数字可能需要几秒。

主持人：看来任何高超技巧的背后都需要无数次的训练。那为什么转换成图像后，大脑就容易记住呢？实在不好意思，我是不是特别笨？这一点我还是不太明白。

石伟华：你比我妹聪明多了！

石燕妮：有我什么事？！

观众笑。

主持人：这话听起来感觉像是在说咱俩都很笨的意思。

观众笑。

石伟华：好吧。我简单给大家介绍一下人类大脑的记忆原理。

主持人：好啊，正好给我们科普一下这方面的知识。

石伟华：**大脑为什么会有记忆？主要是由于外界的信息通过身体的感觉系统对大脑皮质产生刺激，并随着刺激的不断加深，逐渐形成记忆。也就是说我们的记忆主要来源于刺激。**

主持人：那我们平时记一些很普通的信息的时候，也没有感觉有什么刺激啊？比如记个电话号码，除非这个人的电话号码非常特别才会感觉到一点点的惊讶。

石伟华：我说的刺激不是心理上的刺激，而是生理上的刺激。再说通俗点，就是眼睛看到东西是因为光线对视网膜产生了刺激，耳朵能听到声音是因为声波对耳膜产生了刺激。打你一拳你能感觉到疼是因为拳头对身体的皮肤和肌肉产生了刺激。

主持人：就是视觉、听觉、触觉的刺激吧！

石伟华：太对了。大脑能记住的就是这些刺激，而且对不同类型的刺激产生的记忆效果是不一样的。大部分人记东西叫“背诵”，这种就是通过声音的刺激来记忆。

石燕妮：我小时候就只会死记硬背，就是我哥说的“声音记忆”。

石伟华：是的。**声音记忆是最常用，也是最简单快捷的记忆模式。声音记忆的缺点是记忆持续的时间短，记忆量少。**

主持人：不对啊？我觉得小时候记的好多古诗过去这么多年了我们还能记得很清楚啊！“床前明月光”“锄禾日当午”“春眠不觉晓”……

石伟华：这是因为这些诗句你不知道重复记忆了多少次，没有上千次也有上百次了吧？

主持人：是的，那倒是。

石伟华：所以**声音记忆的模式想记得牢、记得久，就需要不断地重**

复。而且是越有韵律的东西越容易记，比如刚才主持人说的儿歌、古诗。但是如果让你用这种方式记52张扑克牌……不用52张，就记5张扑克牌，比如“红桃7、草花3、黑桃K、草花9、方片J”，就这5张，我刚才说这么慢，你能记下来吗？

主持人：我只记住了方片J，哈哈。

石燕妮：已经不错了，我一张没记住！

石伟华：所以，对这种没有规律、读起来又特别拗口的信息，想要靠声音的刺激记住是很难的。也不是没有可能，比如给你一年时间让你记一副洗乱的扑克牌，你肯定能记住。

主持人：可能记10张还好，一整副牌的话，一年我也记不住。

石伟华：记不住是因为筹码不够。如果记住了奖励你100万，记不住扔到海里喂鱼，你觉得你能不能记住？

石燕妮：我哥当年就是这么吓唬我的，哈哈。

主持人：那为什么转成图像以后，就能记得快而且还记得牢呢？

石伟华：我再来举个例子。比如咱们的这个演播大厅，假定咱们几个人都没有进来过，不知道这里面是什么样子。现在有两种方式，一种是找个进来过的人给我描述演播大厅的样子，比如左边有什么、右边有什么、舞台上有什么、观众席什么样、哪里有个机位、背景是什么样，等等。可能前后要花个十几分钟给我们仔细描述每个细节。而另一种方式是给我们每人一分钟时间来里面转一圈，就一分钟。你觉得哪种方式你会对演播大厅的记忆更深刻？

主持人：那肯定是第二种。

石伟华：这就是图像记忆的效果。1分钟对10分钟，记忆的速度是10倍，记忆的效率可能不只10倍。因为你听别人说所能感受到的刺激太微弱了，自己亲眼所见的效果就完全不一样了。不用说1分钟，其实能让我们进到现场来看10秒，所记忆的内容都比听别人描述10分钟记忆的效果好很多。

石燕妮：这就好比一部电影，无论别人转述得多精彩，和自己到电影院亲自去看一遍的效果还是不一样的。

主持人：我明白了。看来记忆大师就是把所有需要记忆的信息都变成图像，不管是扑克牌、数字，还是抽象图形，都想办法在大脑中变成一部生动形象的电影。是不是可以这样理解？

石伟华：这个比喻没毛病，你也是个“人才”！

观众笑。

记忆能力的培养是记忆习惯的培养

主持人：“所有的信息都是图像”，我现在终于明白了伟华老师一直卖的关子的意思了。那咱们问一下现场的观众，大家对这个问题还有什么要问的吗？

观众C：两位老师好。我想问一下，在把信息转换成图像的时候，有什么方法让自己大脑的转换速度更快呢？

主持人：如何让大脑更快地转换图像？这个问题也是我很想知道的。虽然大家已经知道了所有的信息都要转换成图像，就是要在大脑中拍成电影再来记忆。那有什么好的方法或者说技巧，能让我们更快地把电影拍出来，而且还要拍得好看、生动、令人印象深刻？

石燕妮：这个主要包含两个方面。**一方面要经过专业的训练，掌握一套快速转换的方法；另一方面是要在记的时候能保持高度的专注。**只要这两方面训练好了，转换速度和记忆效果都能提高。

主持人：哦。一个是方法，一个是专注。

石燕妮：是的。就方法来说，特别是对数字和扑克牌的转换，国内已经有非常成熟的技术了。不管是两位编码、三位编码还是多米尼克编码系统，都已经有非常系统的训练方案。只要按照前辈们的训练方案去做，很快就能掌握并形成自己的编码系统。

主持人：听起来好复杂！

石燕妮：其实并不复杂。简单地讲，就是通过一段时间的学习和训练，给每个数字和每张扑克牌一个固定的图像编码。比如11是筷子、79就是气球、红桃5就是二胡、黑桃5就是鹦鹉。

主持人：就是说每张扑克牌都会固定一个物品？

石燕妮：是的。对于两位编码来说，**每个两位数都要固定一个图像，每张扑克牌也要固定一个图像。**

主持人：我感觉有点像听天书了。是不是可以这样理解？把每个数字包括扑克和每个物品一一对应，然后不断地练习，熟记它们之间的对应关系？

石燕妮：就是这样的。要做到看到数字和扑克，大脑中马上出现对应的图像才行，一直练习到出图的时间在0.5秒以内，不然会影响速度和准确率。

石伟华：其实把数字和扑克对应图像仅仅是图像能力的一部分，除此之外还需要大脑有快速的图像连接能力。

主持人：这个怎么理解？为什么还要连接呢？

石伟华：还是以刚才的电影比喻来说。有了对应的图像相当于每个演员都分配了对应的角色，你演妈妈、他演老师，你演警察、他演坏蛋等，但是不能把一群演员扔在镜头前傻站着，对吧？

主持人：得有故事情节！

石伟华：对。其实更专业的说法是每个演员都要有动作、表演才行，得让每个演员都动起来，而且相互之间还要有关联、有影响。谁把谁打了、谁不小心摔了一跤、谁哭了、谁在笑、谁飞起来了，等等。

主持人：我明白了，就是不但要有角色，还要有剧本。

石伟华：太对了，这个比喻更贴切了！这就要求大脑不但要熟记每个演员和角色的对应关系，还要能够快速在大脑中为他们写出剧本。

主持人：剧本是现写的吗？不是提前写好的吗？

石伟华：提前哪有机会写，演员的出场顺序我们都不知道。只有拿到扑克牌、拿到数字后我们才知道演员们的出场顺序，所以是一边看演员一边在大脑中快速地形成动作图像，就是你刚才说的“剧本”。

主持人：哇！这确实太厉害了。要大脑的想象力非常好才可以吧？

石燕妮：大脑的想象力也是训练出来的。刚开始训练时我们也不知道两个图像之间应该如何去连接，就是像你说的写不出剧本。但是训练到一定程度，就慢慢地习惯了，到最后就会逐渐形成一套自己的剧本风格。

主持人：这个风格是为了个性化吗？

石燕妮：不是的。风格其实就是习惯，就是说大脑已经形成了一个套路，当某两个图像出现的时候，大脑就会固定一个动作让这两个图像连接在一起。比如用球棒去打恶霸，只要看到球棒和恶霸，大脑就会固定想象它们的关系是“用球棒去打恶霸”。

主持人：哦。我明白了，就是说不仅要演员和角色一一对应，角色和角色之间的剧本也会一一对应。

石伟华：可以这样理解。

主持人：那这个训练需要多久？刚才观众的问题似乎更关心这个训练过程有没有捷径。

石燕妮：这个没有什么很好的办法。**一方面是找好的教练帮自己优化编码，确保编码科学合理，然后不断地强化读码训练；另一方面就是训练时一定要专注，大脑越专注训练效果越好。**

主持人：是的，专注在任何知识的学习和训练中都非常重要。

专注是高效记忆的第一步

主持人：刚才燕妮老师多次提到专注在训练中非常重要。那有没有什么好的训练能提高大脑的专注力呢？

石燕妮：还是有一些可以借鉴的方法的。比如有些人喜欢在训练的时候戴上静音耳罩，让自己不受到外界声音的干扰；有些人喜欢戴上那种帽檐特别大的帽子，让自己的视线固定在眼前的扑克或者数字上。

石伟华：在这一点上我和燕妮的观点不太一样。

主持人：那你的观点是？

石伟华：首先我觉得所谓的专注力是不可能被提高的，除非本身生理上就有缺陷。

主持人：这个观点确实还是第一次听说，现在有关专注力训练的课程可是很多的。

石伟华：是的。但我一直这么认为，当然认可我这个观点的人也不

石燕妮专心训练中

多，特别是专门做专注力训练的老师更是坚决反对我的观点。

主持人：没关系。先假定你说得有道理，我们愿意洗耳恭听。

石伟华：有没有听过家长这样说："这孩子专注力不好"？

主持人：确实很多家长这样讲，但这句话没问题啊？我也接触过一些这样的孩子，他们的专注力确实存在一些问题。

石伟华：是的。但是这些孩子的专注力不好只表现在成人要求他们做事情的时候，比如写作业专注力不好，听课专注力不好，背诵、做计算题、听写的时候专注力不好。

主持人：对啊，这不就是专注力不好吗？经常听着听着就走神了，写着写着就走神了。

石伟华：这不叫专注力不好。他们在玩游戏、看动画片的时候，专注力好着呢！你喊三遍他们跟没听见一样。

主持人：哈哈哈哈！确实是这样。

石伟华：所以说，专注力，是专注的能力。专注是什么？就是专心做一件事。为什么不能专心做一件事？要么脑子里出现了和这件事无关的想法，要么受客观环境的影响被打断。

主持人：对啊！但是这个能力不就是需要训练的吗？

石伟华：我直接来说说我个人比较喜欢的训练方法吧。我管它叫**抗干扰能力训练**。

石伟华：这是一套比较复杂的训练体系，我要展开说呢，可能在座的都不用回家了。我就只讲一个核心吧。

主持人：没关系，一会儿节目组管饭。哈哈。

石伟华：大体的思路就是故意找特别嘈杂、特别混乱、特别吵闹的环境去训练，这样在比赛的时候更容易出好成绩。

主持人：这种方法我之前听说过。比如专门跑到菜市场去背单词，跑到超市门口、火车站去学习等。

石伟华：差不多这个意思。我个人推荐的方法更苛刻一些，我觉得菜市场也好，超市也罢，干扰的程度还不够，我会人为制造更大的干扰项。

主持人：你是让大家到迪斯科舞厅还是演唱会现场？

石伟华：那倒不用。我的建议是打开一部自己喜欢的电影、演讲、相声、小品、动画片等，注意必须是自己喜欢的。然后把声音放得足够大，还要正对屏幕，开始训练。记数字也好，记扑克也行，背英语单词也行，做数学题也行。如果在这种情况下能做到专心训练、专心学习而不被干扰，我想这个世界上就没有什么因素能干扰你了。除非有人来晃动或者打击你的身体。

主持人：这个方法确实不走寻常路。

石燕妮：这样真的可以训练自己的抗干扰能力，我也会在地铁上、动车上、飞机上训练自己的抗干扰能力。

主持人：没准这种方法真的有效果！有机会大家可以尝试一下。

编码与图像转化

主持人：我们来看看现场观众还有什么问题。

观众D：两位老师好。我从很多资料上也看到过一些记忆大师的数字编码和扑克编码，但对很多的编码不理解。我想问两位老师，在制订自己的编码的时候，有什么原则或者说要求吗？谢谢！

主持人：看来这位观众也是位记忆爱好者，提出的问题都这么专业。不知道我理解得对不对，就是说有那么多的数字和扑克，如何对它们进行编码？这个编码是不是就是前面咱们讨论的演员和角色的对应关系？

石燕妮：是的。目前我们国内大部分的记忆大师使用两位编码，有极少数的记忆大师使用的是三位编码。

石伟华：好像中国所有的选手、包括记忆大师在内，使用三位编码的不到10个人。

主持人：两位编码和三位编码有什么区别？

石燕妮：两位编码就是每个编码对应的都是两位数，也就是说两位编码只有100个，从00、01、02到99。

主持人：那三位编码就是三位数？

石燕妮：是的。三位编码需要1000个，从000、001一直到999。

主持人：哦。那哪种编码更快呢？

石燕妮：那肯定是三位编码快啊！理论上，同样的速度下，三位编码的效率比两位编码要快50%。

主持人：那为什么只有几个人使用三位编码呢？

石伟华：因为训练的成本太高了。

石燕妮：是的。如果说制订并熟悉一套两位编码系统需要一周的时间，那么要想熟悉一套三位编码系统至少要10周的时间。

主持人：10倍的时间。

石燕妮：是的，因为两位编码只有100个，而三位编码是1000个，正好是10倍的时间。

石伟华：其实事实上不止10倍时间。你可以这样想，让你想100件不重样还要都有特点的东西出来，可能已经很烧脑了，现在让你想1000个不重样的东西，而且每个的特点不能太接近，这本身就是一件很复杂的事情。

主持人：哦！原来是这样，那对我们普通人或者说初学者来说，还是两位编码更适合。

石燕妮：是的，因为两位编码的训练时间成本和收益是最合适的。如果说让一个人3个月啥也不干只在那里折腾编码，一般人坚持不下来，所以我也非常佩服国内那些使用三位编码的记忆大师。

石伟华：不过以后可能使用三位编码的会越来越多。特别是2019年的世锦赛以后，朝鲜、蒙古、印度3个国家的实力突飞猛进，据说他们用的都是三位编码系统，当然这事我没有考证过。

主持人：那以后会不会变成职业选手用三位编码，业余爱好者用两位编码？

石伟华：这个还真有可能。

石燕妮：其实不管是三位编码还是两位编码，如果不熟悉，同样不会产生好的效果。两位编码如果练好了，达到记忆大师的及格线是完全可以的。

主持人：那燕妮老师能不能给我们简单介绍一下两位编码是如何使用的？

石燕妮：好的。我们知道两位数字只有100个，就是从00到99。**我们可以通过三种方式来对这100组数字进行编码。**

主持人：哪三种方式呢？

石燕妮：**一种就是根据数字的发音来进行编码。**比如25的发音和“二胡”很像，我们就可以把25定义为“二胡”。79可以定义为“气球”，92可以定义为“球儿”。

石伟华：这就是我常说的“谐音法”。

石燕妮：是的，就是根据发音来定义一个物品或者人物。这样的编码在100个编码中会占到多数。

主持人：那其他不能谐音的呢？

石燕妮：**第二种方法就是根据数字的形状来进行编码。**比如11像是两支铅笔或者两根木棍，我们就可以把11定义为“筷子”。00是两个圆圈，就可定义为望远镜或者眼镜。

主持人：这个挺有意思，不过这样的例子好像不多吧？

石燕妮：是的，不过还有一些可以通过大脑想象，认为它比较像也可以。比如30我们可以想象成三个0，就是三个圆圈，那什么东西有三个圆圈呢？比较常见的东西就是三轮车。

主持人：那40是不是就可以定义为四轮车？

石伟华：那明明就是小汽车。

主持人：哈哈，还好，我没说50是五轮车！

石燕妮：50也可想象成是5个圆圈，但是五轮车肯定不合适。但有一个东西也是5个圈，你知道是什么吗？

主持人：没想起来。

石燕妮：五环！

主持人：什么？

石伟华：奥运五环。

主持人：哦，确实是！

石燕妮：这样的数字也有很多，比如10像棒球、69像太极图等。

主持人：似乎每个人的认识都不同吧，我怎么就没觉得69像太极图？

石燕妮：是的。每个人对编码的认识都不一样，所以我们**不能生搬硬套别人的编码。一定要根据自己的理解制作一套适合自己的编码系统。**

主持人：噢。我还以为所有记忆大师的编码都一样呢！

石伟华：那肯定不可能。每个人熟悉的东西不一样，理解也不一样。如果用于教学，可能编码统一会更适合讲解。但如果用于比赛，一定要有适合自己的编码。

石燕妮：**特别是第三种编码的方法完全是靠个人的理解。**比如38可以定义成妇女，因为3月8日是妇女节。

主持人：那54是不是青年，81是不是军人？

石燕妮：可以的。这些和节日有关的还好理解。但是像24有些人把它定义为手表，有些人把它定义为日历牌，这个可能就不好理解了。

主持人：为什么是手表？

石燕妮：因为一天有24小时，所以有人就把24定义成了手表。

主持人：那我明白了。日历牌代表的是一年有24个节气。

石燕妮：是的。对于这种类型的编码，就完全看自己的理解了。还有一些更个性化的就是完全属于个人的编码，比如我是7月4日的生日，那74对应的编码就是我自己。

主持人：哦。那是不是我的幸运数字是19，那19也可以是我自己？

石燕妮：当然可以。所以说第三种编码的方式是非常自由的，甚至可以说是没有理由、没有根据。只要自己喜欢而且方便记忆，都可以用来做编码。

主持人：我明白了。但是我还有个问题，虽然制订100个编码比制订1000个编码要节省很多时间成本，但是像我这样的小白，让我凭空去想象出100个东西，还要方便记忆，好像也是个比较庞大的工程。

石伟华：是的，如果100个编码完全靠自己，按燕妮刚才说的三种方式去设计，很多人设计不到一半就放弃了。有个成语叫啥来？黔驴技穷？

石燕妮：哈哈。什么黔驴技穷？不过确实是工作量很大。我们一般也不建议所有编码都自己去设计。

主持人：那怎么办？找别人替我们设计吗？

石燕妮：那倒不是，别人也不知道我们脑子里都有些什么呀。我们推荐的方式是**找到国内的记忆大师们常用的编码作参考，来形成自己的编码体系。**

主持人：就是借用别人的？

石伟华：我的建议是这样。在制订自己的编码的时候，比如01这个编码，先去看看国内的记忆大师们都用什么，比如灵药、铅笔、灵异等，看看这些编码中有没有自己感觉合适的，有没有自己喜欢的、能看上眼的。如果有，就直接挑出来用；如果没有，再按燕妮刚才说的方法去设计。

主持人：这样确实可以节省很多时间。那一般情况下可以直接拿来用的比例有多少呢？

石燕妮：我感觉大部分是可以的，可能只有极少数的编码需要自己重新设计。反正我的编码只有几个是自己重新设计的，应该不超过10个吧。其实如果不是自学，有教练带着的话，教练是会给学员一套比较完善的编码的。你觉得教练给的哪个编码不好用，自己再优化就可以了。这样学员拿到编码，就可以直接训练了，省了很多时间。我带学员，都是直接给他们我自己的编码。

主持人：这倒是个不错的思路。是不是可以理解为站在巨人的肩膀上，让自己少走很多路？

石伟华：这个比喻好像没有之前的比喻贴切。

石燕妮：行了吧哥，你来个更贴切的呗？！

主持人：我也觉得不是特别贴切。大家领会精神！换下一个话题，哈哈。数字的编码方法大家都知道了，那扑克牌是如何编码的呢？

石燕妮：扑克的编码和数字编码是一样的，把扑克牌转换成数字就可以了，所以记扑克其实就是在记数字。

主持人：记扑克其实就是在记数字吗？但扑克牌比数字要复杂多了。记扑克牌的时候我们不仅要记住扑克牌是多少点，还要记住它的花色，而且还有J，Q，K这种带字母的牌点，怎么转换成数字？

石伟华：好像还有个A也是字母。

主持人：是的，还有大小王牌。我感觉光这4种花色就很难记，是不是把4种花色也进行编码，定义成4种物品呢？

石燕妮：不是这样的，否则扑克牌记忆起来图像就太复杂了。我们把扑克的4种花色分别定义为1234，把四种花色对应的数字作为扑克编码的第一位，把扑克的点数作为第二位，这样一张扑克牌就变成了一个二位数。

主持人：我没完全听明白，你能举个例子吗？

石燕妮：比如说红桃5这张牌，我们首先把红桃转换成数字2，然后它的点数是5，这样连在一起就是数字25，对应的数字编码图像就是二胡。再比如说方片7这张牌，方片对应的数字是4，点数为7，那它对应的数字就是47，47对应的图像就是司机。

主持人：黑桃、红桃……这个顺序我也要记半天。

石燕妮：其实很简单，你可以这样来记。比如黑桃有一个尖尖的头部是1，红桃由两瓣“心”是2，梅花有三瓣圆是3，方片有四个角是4。

主持人：这样确实好记啊。那还有个问题，四张A牌算是几点？

石燕妮：A就是1。其实除了A，比较特殊的是10点，在转换时一般都转换成0点，而不是10点。

主持人：为什么是0点呢？

石伟华：保留10也不是完全不可以。但是你想，比如红桃10，按照刚才燕妮说的方法，应该是转换成2和10连接。那就会出现一个问题。我们是转换成210呢，还是把后面的10进位一个到前面的2变成30？其实都不合适。变成210就需要三位数编码了，变成30呢，怎么看怎么像一张梅花牌。所以为了方便、统一，都当成0来处理。

石燕妮：其实可以这样想。我们不要把10看成是数字的“10”，而是汉字的“十”。所以黑桃10就是一十，红桃10就是二十，梅花10就是三十，方块10就是四十，跟一零、二零、三零、四零不是一样吗？

主持人：明白了。那J，Q，K怎么处理呢？如果按点数来算，应该是11点、12点、13点。

石燕妮：是的。如果按11、12、13点来处理，就会和A点、2点、3点的牌产生冲突，所以一种处理方法是把J，Q，K分别看成是5、6、7点。您看J，像不像钩子，像数字5；Q蝌蚪，像数字6；K像两个连起来的7。所以J是5，Q是6，K是7。花色还是一样的数，黑桃还是1，红桃是2，梅花是3，方块是4，只不过数牌是从下往上数，11、12、13、14、15、16…… J，Q，K是从上往下数，J是51、52、53、54，Q是61、62、63、64，K是71、72、73、74。

石伟华：不过我个人比较倾向于另一种用法，就是把12张J，Q，K单独编一套码。比如4个K我就用4位男士来代表，因为K在扑克中象征国王。同样，4个Q就找4位女神，4个J可以找4个卡通英雄之类，那样眼睛看到牌，不用转换成数字，直接出对应的图像，会更快。

主持人：明白了。那为什么不把所有的扑克牌全部按这种方式来处理呢？那不是可以让所有的牌都节约这个时间吗？

石伟华：这又涉及时间成本的问题了。因为设计一套52张扑克牌的编码也是需要很长时间的，不如直接拿数字编码来用轻松。

石燕妮：是的。其实训练多了，不需要转换成数字，也能做到瞬间出图，花太长时间来设计一套扑克牌的编码有些不值得。不过这一点我跟我哥有不同的意见，我不建议用太多人物做编码，因为如果人物太多了，记忆容易混淆。不过也因人而异。

石伟华：我的建议是不管用什么方法，也不管自己的编码多烂、多不科学，先想办法记下一副牌再说。至少我当年刚开始自学的时候，就是用最烂的编码和最笨的方法，用了一个多小时记下了一整副牌。但我已经觉得自己很了不起。

石燕妮：是的。第一次能记下一整副牌的时候，不管用了多长时间，都特别有成就感。

主持人：这就是我们常说的实现零的突破吧？

石伟华：从0到1的变化。

图像定桩与记忆宫殿

主持人：现在我明白了，数字也好、扑克也好，都要转换成一个个图像。但是我还有个疑问，54张扑克牌就是54个图像，如果记1000位圆周率的话就是1000个图像……

石燕妮：1000位是500个。

主持人：500个？哦，对，两位数字一个图像。但是这500个图像在大脑中也不好记忆啊，比如它们的顺序，谁先出现、谁后出现。因为毕竟不是三五个图像，就像看电影一样，我们不可能把每个细节都记在脑子里啊。

石燕妮：是的。所以我们还要采用另外一种技术来保存这些图像，这就是大家熟知的“记忆宫殿”法。

主持人：记忆宫殿法？好像听说过，是不是有部什么电视剧里讲过类似的方法？

石伟华：是的。好几部影视作品中都提过这种方法。早在古希腊时期，有个叫西蒙尼德斯的诗人发明了这种方法。在明朝万历年间，利玛窦就把这种方法带到了中国。但是直到2003年张杰、王茂华两位老师拿到中国首位“世界记忆大师”的称号，这种方法才得以在我们国家传播开来。

主持人：伟华老师这是顺便给我们普及一下历史知识。

石伟华：这种方法是被业界公认的最好用的记忆方法。

石燕妮：确实是这样。**编码法和定桩法是记忆大师必须掌握的两种武器**。因为世界锦标赛的10个项目，就有8个项目是需要用到地点桩去记忆的。

主持人：编码法前面咱们已经了解了，虽然我们还不是特别熟悉，但至少现在已经知道是怎么回事了。哈哈。那定桩法是什么意思？两位老师也给我们简单介绍一下吧。

石燕妮：简单讲，**定桩法就是在大脑中记住一些按顺序排列的固定的地点，然后把需要保存的编码图像按顺序保存到这些地点上。**

主持人：这个听起来还是有些不是特别明白。

石伟华：你可以这样理解，假如你要开个超市，有1000件商品，你怎么样方便地告诉顾客哪件商品放在哪个位置呢？你总不能把所有商品全堆在地板上吧？

主持人：我明白了，最方便的方式就是分类，然后码放到货架上。

石伟华：对了。那这些商品就是要保存的编码图像，这些安放商品的货架就是刚才说的地点。

主持人：这样说似乎有点明白了。

石伟华：不明白也没关系，咱们通过一个简单的例子一起体验一下这种方法。十二星座你能说出来吗？

主持人：差不多吧，慢慢想应该差不多能说出来。

石伟华：我的意思是按顺序说出来。

主持人：那不行，我只能慢慢凑出12个。

石伟华：那好，我们就来一起按顺序记忆十二星座。

星座	英文名称	出生日期（公历）
白羊座	Aries	3月21日~4月19日
金牛座	Taurus	4月20日~5月20日
双子座	Gemini	5月21日~6月21日
巨蟹座	Cancer	6月22日~7月22日
狮子座	Leo	7月23日~8月22日
处女座	Virgo	8月23日~9月22日
天秤座	Libra	9月23日~10月23日
天蝎座	Scorpio	10月24日~11月22日
射手座	Sagittarius	11月23日~12月21日
摩羯座	Capricorn	12月22日~1月19日
水瓶座	Aquarius	1月20日~2月18日
双鱼座	Pisces	2月19日~3月20日

石伟华：由于时间关系，我们只把这个表格中星座的名称按顺序记下来。就用大家最熟悉的自己的身体来记吧。

主持人：身体?

石燕妮：身体也可以当作地点桩来用，万事万物都可以用来做地点桩来记忆信息。

石伟华：是的。我们从头顶开始，**先按顺序记住身体的12个部位，分别是头顶、眼睛、鼻子、嘴巴、耳朵、脖子、两手、前胸、后背、大腿、小腿、脚**。我们一起来回忆一下。

石燕妮：现场的观众可以一起来回忆一下。

主持人：好。第一个是头顶，然后是眼睛、鼻子、嘴……可以了，我记下来了。

石伟华：好。那我们就开始把十二星座按顺序放到身体的这12个部位。第一个白羊座，我们就想象在头顶上有一只可爱的小绵羊。想象一只白色的、可爱的小羊羔趴在我们的头顶，在头发中。

主持人：头顶白羊。可以了。

石伟华：第二个金牛座。就想象我们两只眼睛瞪得大大的，像牛眼一样大，而且两眼放金光。这就是金牛座。

主持人：好。两眼放金光，就是金牛座。

石伟华：后面的我们速度稍快一些。鼻子，双子座，可以想象两个鼻孔里面分别钻出来一个小娃娃；嘴巴里咬着一只刚刚出锅的大闸蟹——巨蟹座。一头狮子在冲着耳朵大吼，狮子座。脖子上骑着一个小女孩，处女座。

主持人：稍慢点，我怕我记不下来。

石伟华：想象的时候夸张一点，加一点刺激就记住了。比如刚才这个处女座，你就想象一个小女孩骑在你脖子上拉屎，这样就印象深刻了。

石燕妮：你太恶心了。

石伟华：记忆的原则，刺激越强烈，记忆越深刻。恶心得越厉害，记忆也越深刻。

主持人：估计我这辈子也忘不了了。

观众笑。

石伟华：我们继续。两只手一手托着一个盘子伸平，这就是天秤座。肚皮上有只蝎子马上就要钻进肚脐眼儿里了，这就是天蝎座。

主持人：我瞬间起了一身鸡皮疙瘩。

石燕妮：哈哈。这个比刚才那个恶心的刺激更强烈。

石伟华：后背背着弓和箭，这就是射手座。大腿被一只黑山羊的角给刺破了，摩羯座。

主持人：这个是什么意思？

石燕妮：传说摩羯就是一种妖气特别重的黑山羊，是不是真的我也不知道，我就是这样记的，因为这个“羯”的左边是个羊字旁。

石伟华：小腿上绑着一个矿泉水瓶或者一个更漂亮的水瓶，水瓶座。两只脚上一只脚踩着一条鱼，就像哪吒的风火轮一样，双鱼座。

主持人：这个挺有意思的。

石伟华：好，现在赶紧回忆一遍。大家一起来好不好？头顶什么？

观众：白羊。

石伟华：眼睛是？金牛。鼻子？双子……

主持人：这个方法确实可以，只要记住自己身体部位的排列顺序，就可以把星座的排列顺序记下来了。

石伟华：这个可以倒着背，不信你自己试试。

主持人：啊？是吗？！我试试。最后一个是双鱼，然后是水瓶，摩羯……真的可以啊！

石伟华：这就是最简单的地点桩的用法，也就是我们平常说的记忆宫殿。

主持人：那记忆大师要记那么多的扑克牌和数字，是不是要找到很多很多这样的地点桩啊？

石燕妮：是的。一般情况下，想参加世界大赛去冲击世界记忆大师的资格，至少要2000个地点桩，2000~2500个比较正常，3000个以上是高手。

主持人：那去哪里找这么多地点桩呢？在脑子里不会乱吗？

石伟华：这个当然不可能只从身体上找，哈哈。大家更多的是找各种各样的房间，从房间里找到各种物品。

石燕妮：是的，家里、公园、商场、酒店、学校、小区等，都可以找到很多地点桩的。

主持人：哦。现在终于明白为什么叫记忆宫殿了。记忆选手要记那么多地点桩，确实是需要一座很大的宫殿。

第三章
挑战“记忆大师”

CHAPTER 3

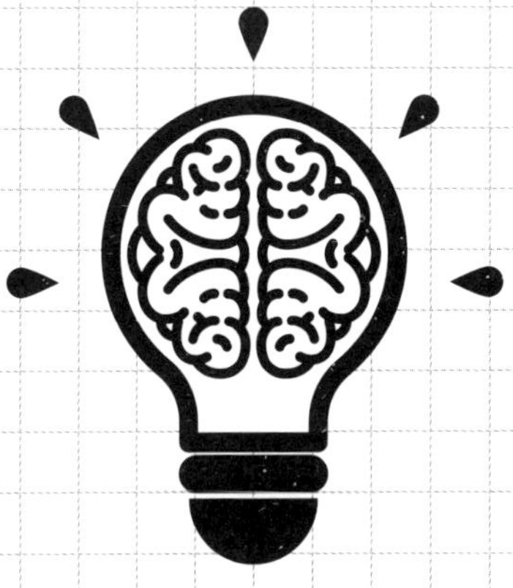

- 训练时间安排
- 训练方案制订
- 记忆编码优化
- 地点桩的优化管理
- 突破训练瓶颈
- 扬长补短，发挥优势
- 寻找志同道合的伙伴

主持人：我们知道燕妮这一路走来很不容易，从开始训练到拿到“记忆大师”称号是个相当漫长的过程。

石燕妮：是的，我用了 9 个月的时间吧。

主持人：那这 9 个月的时间里肯定有很多故事，你肯定也总结了很多的经验。接下来能不能和大家聊聊有关参赛方面的话题，让那些以后想参加记忆大师培训的朋友也有个参考和借鉴？

石燕妮：好的。关于这个，有太多可以聊的话题了。

训练时间安排

主持人：刚才燕妮说用了 9 个月的时间来训练，能不能简单给大家说一说这 9 个月是如何安排训练时间的，或者说普通人训练大概应该按照一个什么样的时间计划来进行。

石燕妮：其实 9 个月获得记忆大师称号属于进度比较慢的。如果是全职的脱产训练，就是那种直接住在训练基地进行职业训练的话，一般人 6 个月时间就差不多。

主持人：所谓的职业训练，一天要训练多久呢？

石燕妮：至少要8小时吧。

主持人：哇，和上班时间一样了，上班也是8小时。

石燕妮：对，我们以前训练的时候，教练要求一天训练9小时，早上8点半训练到晚上9点。我有时候没有完成任务，还会训练到11点呢！当然中午是可以休息的，不是一直不休息地训练。

主持人：就是除了吃饭、睡觉，其余时间都在训练。

石燕妮：是的。不过刚开始没有这么严格，分三个阶段来说吧。**第一个阶段是入门，**这个阶段是针对零基础的人。就是什么也没学过，完全零基础，就必须先进行第一个阶段的训练。刚参加训练的学员，如果一开始就要求他们每天训练9小时，一般人也坚持不了。

主持人：就像我这样的，哈哈。

石伟华：不，你可以直接进世锦赛的决赛了。

主持人：啊？！

石伟华：去当主持人嘛！

观众笑。

石燕妮：**入门阶段的主要任务**是学习快速记忆的原理，包括编码是怎么回事，定桩是怎么回事，以及世锦赛要比哪些项目，参赛选手要做哪些准备。这个阶段基本上要形成自己的编码，找出自己的几套常用的地点桩，能够完成一整副扑克的记忆，能够记80～120个数字。

石伟华：这个阶段我已经毕业了。

主持人：这个阶段需要多久？

石燕妮：一两周足够了。这主要还是看自己的训练量，因为刚刚接触记忆力训练，要熟悉100个数字编码。大部分学员一两周就能完成第一个阶段的训练。入门阶段只要求学员能够记住一副扑克或80～120个数字，没有速度的要求。

石伟华：我完成第一个阶段用了两年半。

主持人：怎么那么久？

石伟华：因为我是完全自学，没有人指导，就是从网络上搜索到张海洋老师的一篇文章——《如何三分钟记忆一副扑克牌》，我当时把它打印出来，A4纸不到3页。我就看着这篇文章苦练了两年半，终于可以在接近1小时的时间内记忆一副扑克牌了。

石燕妮：你是想说海洋老师误导你了？

石伟华：哪敢！我是说没有人指导的时候，自己瞎练，会走很多弯路。后来找到了比较系统的训练方法，提高就很快了。

主持人：能坚持两年半也很让人佩服。

石伟华：是因为隔三差五地放弃，才拖了两年半。如果像燕妮一样，每天练8小时，一个月时间下来，怎么也能背下一副牌。

石燕妮：哈哈，那倒是。**第二个阶段是提高**，这个必须在达到刚才说的目标之后才能开始。**提高阶段的主要任务**是优化自己的编码体系和地点桩，训练出图、连接、定桩的能力，不断提高这三个关键动作的速度和准确度。这个阶段是最难坚持的，因为在这个阶段有可能提高得很快，也有可能怎么练也无法提高。

主持人：是不是很多人都是在这个阶段放弃的？

石燕妮：是的，因为这个阶段最主要的一个特点是枯燥。就是天天对着数字扑克、数字扑克、数字扑克……不是盯着数字看，就是捧着扑克看。一点不夸张地说，真是看吐了。

主持人：估计我也会在这个阶段放弃。

石燕妮：其实不要说在第二个阶段放弃，就是第一个阶段后，也有很多同学放弃了，根本没有参加第二个阶段的训练。之前就有一个同学，因为工作需要，单位派她来学习记忆法，回去再教同事们。她说，原来在大学期间每天军训，都没有现在天天训练记忆这么累。她就是在第二个阶段放弃的。不过我想如果她想坚持的话，也是可以坚持的，只不过她的目的不是成为世界记忆大师，所以缺少了动力和压力。

主持人：其实脑力运动比体力运动还累。那这个阶段一般需要多久？

石燕妮：一般需要21天。一旦挺过这个阶段，到了第三个阶段以后，放弃的人就很少了。

主持人：那是为什么呢？应该越往后面越难才对啊！

石燕妮：**第三个阶段是冲刺**。这个时候大家的水平都基本接近记忆大师的及格线水平了，自信也有了，感觉也有了，训练的时候就不会那么烦躁了。

主持人：是不是到了这个阶段就相当于已经看到希望了？

石燕妮：是的。**冲刺阶段的主要任务**是全真模拟训练。先把记忆大师的“铁人三项”反复训练，达到及格线，然后再把另外的7个比赛项目也都过一遍。这时候训练就变得丰富多彩，不再满眼全是数字扑克了。有记人名，有记抽象图形，有记历史事件……已经不那么枯燥了。

主持人：这感觉是不是就像连着上了半年的数学课，突然变了，既有语文，又有英语、物理、地理，感觉上课太有意思了。

石燕妮：其实任何一项训练说实话都很枯燥，关键是当自己信心有了，满怀希望的时候，训练的心态就变了。

主持人：最后的冲刺阶段需要多久呢？

石燕妮：两个月以上，一直训练到比赛。10月就开始比赛了。先是城市赛，如果能晋级的话，11月是国家赛。如果在国家赛中还能顺利出线的话，就接着训练，每年12月是世界总决赛，就是我们常说的世界脑力锦标赛。

石伟华：如果成绩不好的话，10月就可以回家了。

主持人：是啊，成绩好的话，光比赛要3个月。

石燕妮：是的，基本下半年啥也不干，除了吃饭、睡觉，就是训练和比赛。

训练方案制订

主持人：今天现场的观众里面也有不少是准备参加明年或者以后的比赛的，我们来看看他们有什么问题要问。

观众E：燕妮老师好。我计划明年参加比赛，如果明年拿不到记忆大师的话，后年准备再努力一年。

石燕妮：好啊，加油，争取一年拿到。

观众E：我想问的是，其实每个人擅长的项目都不一样，每个人的时间安排也不一样，如何根据自己的特点来安排适合自己的训练方案呢？谢谢。

主持人：如何制订适合自己的训练方案？

石燕妮：确实是这样，每个人有每个人的特点，有的人擅长快扑（快速扑克记忆），有的人擅长马扑（马拉松扑克记忆）；有的人特别喜欢早上记忆，有的人特别喜欢晚上记忆。我当时是我的教练陆伟老师帮我制订的方案。

主持人：那你属于哪种人呢？你的方案是怎样的？

石燕妮：首先我属于行动比较慢的那种人，早上训练也不积极，但是我晚上离开教室也不积极，哈哈。

石伟华：我妹上辈子一定是个蜗牛。

石燕妮：哈哈。但是我有一点，就是一个人能待得住，不会觉得无聊。就我一个人在教室里坐一天，只要训练有感觉的话，我也不会觉得无聊。不像有些人感觉要死了、要疯了，我完全没有那种感觉。

主持人：要是我，肯定感觉要疯了。

石燕妮：当我的水平开始提高之后，竟然发现自己爱上记忆训练了，就像找到自己的兴趣爱好那样，越训练越开心。一开心，话就多了，陆教练经常说我“你能不能少说点话？”因为我经常在他面前唧唧呱呱说个不停。而且我一开心就吃得多，吃得多就会胖。训练了大半年，所有同学都瘦了，只有我一个人胖了10斤。

主持人：这个估计很多女士听了就怕了，哈哈。

石伟华：看来我应该去练练，顺便能长点肉。哈哈！燕妮确实一个人能待得住。小时候给她一张废纸，把她扔一个角落里，她一个人能把这张废纸玩出花来，能玩好几个小时。

主持人：哈哈，很会自娱自乐的人，这种人幸福感很强。

石燕妮：因为我脾气也慢，行动也慢。就像刚开始练搓牌的时候，我速度怎么也上不去，把教练也急坏了。我也跟教练说，是不是我的性格比较慢，做事情也慢，所以训练也慢，我一训练就想睡觉，是不是不适合训练？还好陆教练是读心理学的，他用心理学的方法教导我，说：“当你想到消极的事情的时候，你就反着说，用积极的话去说。”比如你想说“我的速度很慢”，那你就说“我的速度不怎么快”，你的大脑就会记住关键词“速度快”；如果你想说 “我记忆的准确率很低”，那你就说 “我记忆的准确率不怎么高”，你的大脑就会记住 “准确率高”这样的关键词。不得不说，积极暗示的力量真的很强大，我后来真的进步很大了。

石伟华：确实，积极暗示的力量真的很强大。不过在搓牌这事上如果你早跟我练练魔术，保证你搓牌速度在记忆界全国第一。

主持人：哈哈，关键是搓牌得全国第一了，记忆速度要跟得上啊。

石燕妮：因为我啥都比别人慢半拍，所以教练从一开始就让我重点训练马拉松项目。快速扑克对我的要求是只要过及格线就好，争取在马拉松扑克、马拉松数字、历史事件、抽象图像这样的项目上拿更多的分数。

主持人：所以后来你在马拉松扑克这个项目上拿了世界第一。

石燕妮：不是世界第一，是当年的中国第一，离世界纪录差一副半。当年的世界纪录是31副，我的成绩是29副31张。

主持人：1小时记接近30副牌，对大部人来说，可能都没有办法记下一副牌。

石伟华：如果从来没有经过训练，别说一副，连31张也没有可能。

石燕妮：马拉松是我的强项，特别是马拉松扑克，所以我把大部分时间和精力都集中在马拉松扑克上，一心想着破马拉松扑克的世界纪录。而人名头像、随机词汇这两项词语类的项目是我的弱项，怎么训练成绩都不理想，因此在这两项上我所花的时间和精力就少很多，能够及格就行，不拖后腿就好。杨雁教练曾经说过：“成为世界记忆大师很容易，成为国际特级记忆大师也不难，但要成为大家都能记住的记忆大师就很难了。”那怎么样做到让别人能够记住呢？那就是至少在某个项目上，你能够破世界纪录，特别是扑克牌项目。

主持人：所以你一直在取长补短，重点训练自己擅长的项目。

石燕妮：是的，因为这样做可以拿到更高的总分，毕竟过记忆大师的及格线还要求总分必须超过3500分。在自己的强项上提分比在自己的弱项上提分容易很多，弱项能够及格就行。

主持人：所以，一定要把更多的时间用在自己更擅长的事情上。

石燕妮：对。不仅在制订自己的训练计划时要考虑自己擅长的项目，还要根据自己的作息来设计训练时间表。训练时间表一定要仔细，每天几点到几点，训练什么内容，力争达到什么水平，越详细越好。

主持人：你还记得自己训练的时间表吗？

石燕妮：给大家看一下我当时训练的一些笔记手稿吧，都是训练的一些记录。当时天天看这些东西都快看吐了，现在想来却变成了一段美好的回忆。前期只训练数字和扑克，到数字扑克过关之后，加入其他项目来训练。

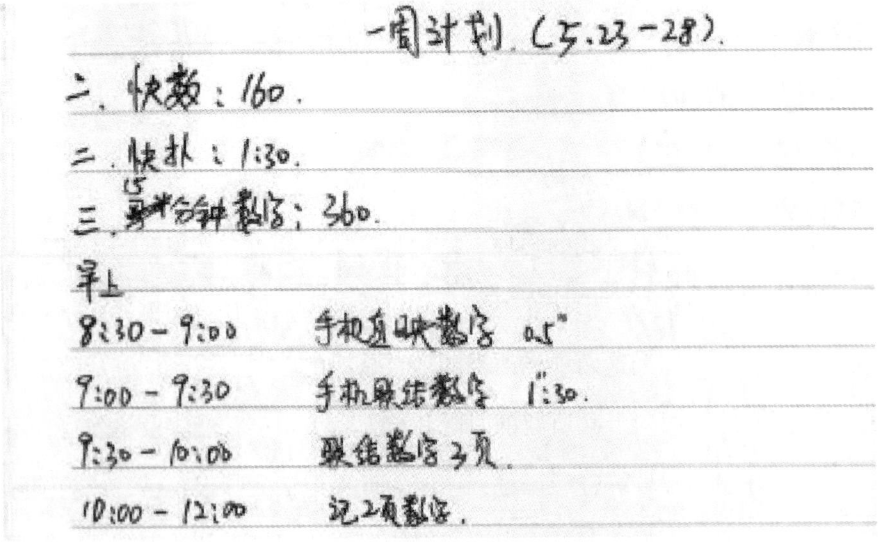

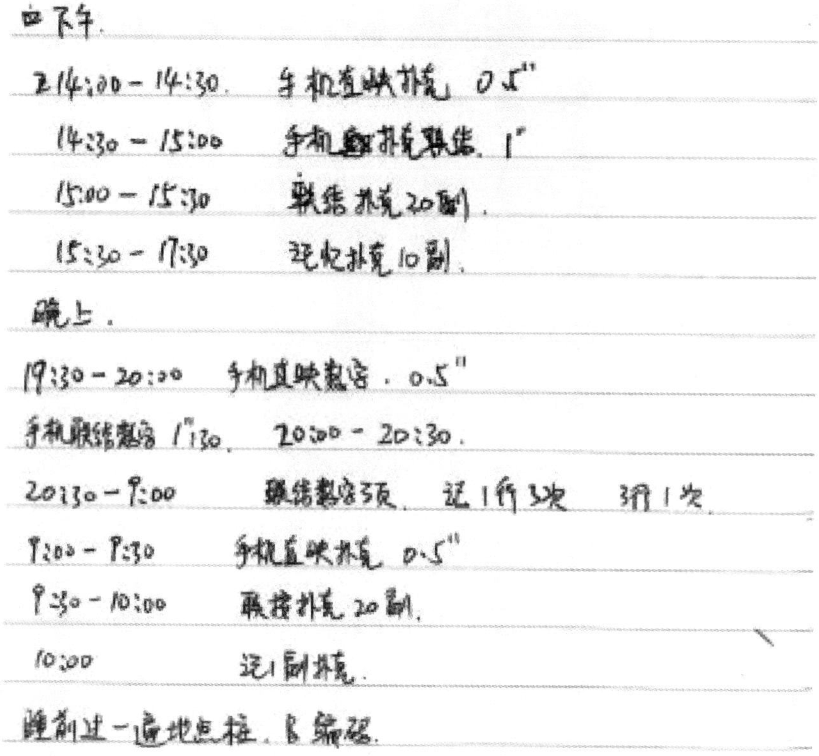
四 下午.
2 14:00-14:30. 手机直映扑克 0.5"
14:30-15:00 手机直映扑克联结 1"
15:00-15:30 联结扑克20副.
15:30-17:30 记忆扑克10副.
晚上.
19:30-20:00 手机直映数字. 0.5"
手机联结数字 1'30. 20:00-20:30.
20:30-9:00 联结数字5页. 记1行3次 3行1次.
9:00-9:30 手机直映扑克 0.5"
9:30-10:00 联结扑克20副.
10:00 记1副扑克.
睡前过一遍地点桩、与编码.

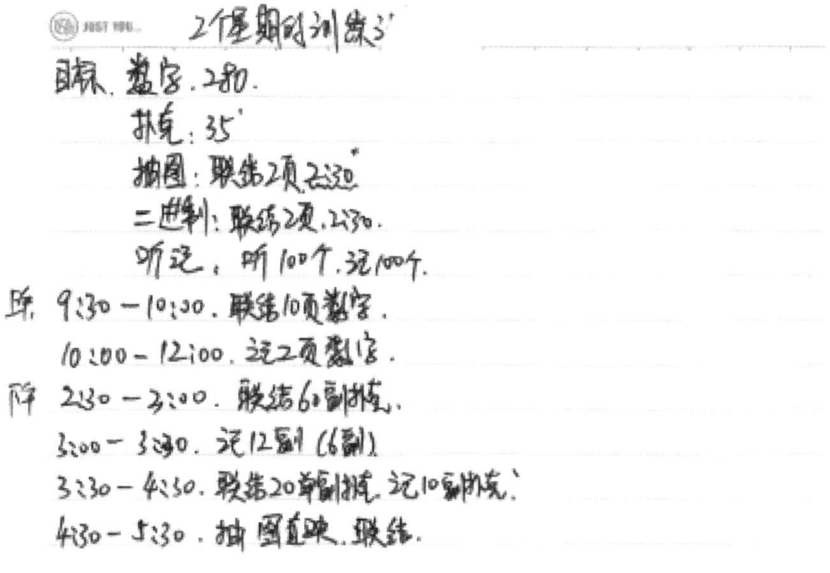
JUST YOU
2个星期的训练3'
目标. 数字.280.
扑克: 35'
抽图: 联结2页2:30"
二进制: 联结2页.2:30.
听记, 听100个.记100个.
上午 9:30-10:00. 联结10页数字.
10:00-12:00. 记2页数字.
下午 2:30-3:00. 联结60副扑克.
3:00-3:30. 记12副(6副)
3:30-4:30. 联结20副扑克. 记10副扑克.
4:30-5:30. 抽图直映. 联结.

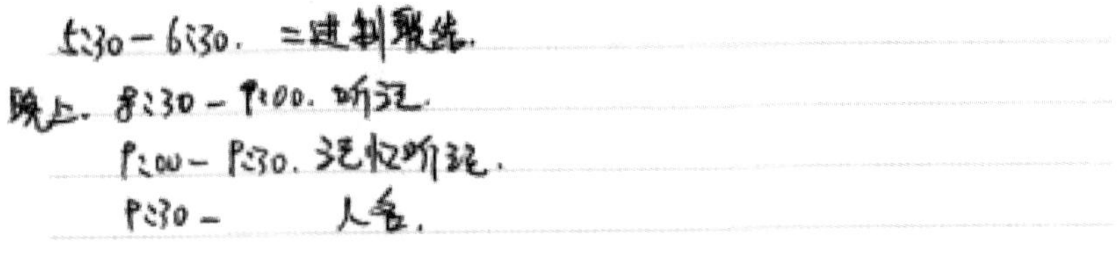

石燕妮训练时的训练计划手稿

石燕妮：大家看到的上面这几张图是我8月的训练计划，大部分时间都是在训练数字和扑克，训练其他项目的时间很少。不过不晓得当时训练的时间怎么写的是早上9点半才开始，我记得我还挺勤快的，早早就去教室训练了，8点半应该已经开始训练了，呵呵。本来还想找后期的训练计划，但是找不到，因为当时是写在A4纸上，贴在桌角。

主持人：当时没觉得有保存价值，哈哈。

石燕妮：是的，总之，两点吧。**一是在制订计划前，特别是训练中期，一定要根据自己的能力特点制订训练项目的时间分配。二是根据自己的作息习惯制订自己的训练时间表，越详细越好，最好能具体到每个小时应该训练哪些内容。**当然还有一点，就是整个训练方案制订出来以后，必须保证整体的训练时间是足够的。

主持人：也就是说训练总时间要足够。

石燕妮：是的。这里也提醒各位想参加训练的朋友，千万不要抱着走捷径的想法，不要幻想自己特别有天赋，三天就能训练到别人一个月的水平，等等。这是根本没有可能的，不训练就没有收获，千万别有偷懒的想法。

石伟华：另外我也提醒大家一点，不要再去想着自己能不能找到更快的方法，一下子能颠覆现在的方法。我劝大家别动这个念头了。不是说我要阻止大家创新，而是中国有成千上百的记忆大师天天在研究，你以为他们天天聚在一起“斗地主”呢？

主持人：你的意思是不可能再有新的方法出来？

石伟华：不是，很多具体应用细节上的创新是有的，每年都有新的技术出来。但是再新的技术也要走刚才燕妮说的一点点训练这段路。如果总想着一下子完全颠覆现在的训练模式，我个人觉得短时间内不可能。我说这话的意思，就是希望朋友们如果想参加训练，就从计划训练的第一天起，下定决心做好长期训练、一步步训练、认真踏实训练的思想准备和决心，而不是天天幻想着自己能突然发现一种更牛的方法，不需要训练几个月，一晚上就能达到记忆大师的水平。这基本就是白日做梦。

石燕妮：是的，当年和我一起训练的一个同学，他就是我哥说的这类人。他训练的目标跟我们不一样，我们的目标是成为世界记忆大师，而他是为了他两个儿子来训练的，他想训练回去之后教他儿子，没有想着要成为世界记忆大师。因此，他花了很多时间去研究并尝试一些新的记忆方法，可想而知他的成绩进步得很慢了。但是他真的很努力，到后期也差不多达到世界记忆大师水平了。他就觉得，如果他努力一点，或许也能成为世界记忆大师，于是就开始努力训练，可惜错过的时间太多了，很遗憾，在世界赛上，马拉松数字差40个数没有达标。真的很可惜！

主持人：这点我相信，任何一项超乎寻常的能力都是经过背后超乎寻常的学习和训练才能拥有的，没有捷径可走。

石燕妮：是的，坚持训练是最根本的诀窍。

石伟华：如果大家感觉自己坚持不了，建议在开始训练之前就放弃。因为你现在放弃了，没人知道你在脑子里动过这念头，明天走上大街没人笑话你。如果你大张旗鼓地训练上三两个月以后再放弃，第二天会有一群你的狐朋狗友看你的笑话。

石燕妮：是的，以前我的教练也跟我们说过一句话："成功了，你就是世界记忆大师，没有成功，别人看你就是无所事事一年。"这句话也一直在提醒着我，我不能让别人说我无所事事一年，所以一直在努力训练，并一直坚持到了最后。

主持人：哈哈哈哈，我现在就放弃！

记忆编码优化

主持人：我觉得这个环节我就不问什么问题了吧？！我怕我问出来也很业余。还是把时间留给现场的观众吧！

观众F：燕妮老师好。我想问的是，数字编码的好坏对速度的影响非常大，现在国内流行的编码也很多，有时候不知道参考哪位大师的编码更合适。在这一点上，请问你有什么好的建议？另外，编码制定出来以后，如何去做进一步的优化呢？谢谢。

主持人：这个问题前面我们好像聊过啊？

石燕妮：前面聊的只是如何创建自己的编码，那属于初学者的阶段要学习的内容。这位观众的意思是在已经基本确定自己的编码以后，如何让编码更加精准，说简单点就是更好用。

石伟华：可以这样理解。之前我们聊的是如何通过汽车驾驶证的考试，而现在要解决的问题是如何把车开到120km/h的速度还要安全平稳。

主持人：这个比喻很到位！

石燕妮：对于编码来说，我觉得也可以分三个阶段。**第一个阶段**，就是刚学习的时候，教练会给学员一套初级编码，学员需要知道怎么运用编码、地点桩去记忆。这个时段，初学者只需能反应出100个数字的编码，以及怎么记忆就好了。这个阶段对编码的要求不是很高，而且这些编码也是一些记忆大师验证过并使用过的比较好用的编码。**第二个阶段**是优化编码，这个阶段要求针对少部分在记忆时老出错的编码进行优化，找到最适合自己的编码。**第三个阶段**，在冲刺速度阶段要对部分编码再进行优化。

主持人：第二个阶段的编码优化和第三个阶段的编码优化有什么不一样吗？可以跳过第二个阶段，直接进入第三个阶段的编码优化吗？

石燕妮：这第二个阶段的编码优化和第三个阶段还是有区别的。第二个阶段是经过第一个阶段熟悉了所有编码之后，在训练的过程中，发现总有一些编码在记忆的时候出错，而且出错的就是某几个编码。那证明这些编码是有问题的，需要优化。此时**优化编码要遵循先换图片，再换动作，最后才换编码的原则**。

主持人：这个是什么意思？

石燕妮：就是对于一个编码，你如果对编码的图片没有感觉，那你就要找另外一张比较有感觉的图片。比如29的编码是恶狗，是一只狼狗的图片，但是你对这只狼狗没有感觉，那么记忆的时候就很容易出错。那你可以把狼狗换成自己家里养的熟悉的小黄（狗），记忆的时候，就出你家小黄的图像，那样你就更有感觉，准确率就更高了。

主持人：哦，这样我就明白了。

石燕妮：如果更改了图像，还是记不住的话，那就要更改编码的动作了。比如36的编码是梅花鹿，它的动作是“撞”，你总是记不住，就改成“顶”，试试能不能记住。每个编码的动作都是固定的、唯一的，这样不容易发生混淆。

主持人：还要有个动作。

石燕妮：是的。如果换了编码的动作还记不住的话，那就只有把这个编码整个都换了。

主持人：这时候就要重新想一个东西了。

石燕妮：是的。但是**每次更换编码建议不要超过3个**，这样既能摆脱不适合的编码，又不影响训练的整体效率。记得我训练的时候，有一次换编码换得太多了，结果训练时错得一塌糊涂。

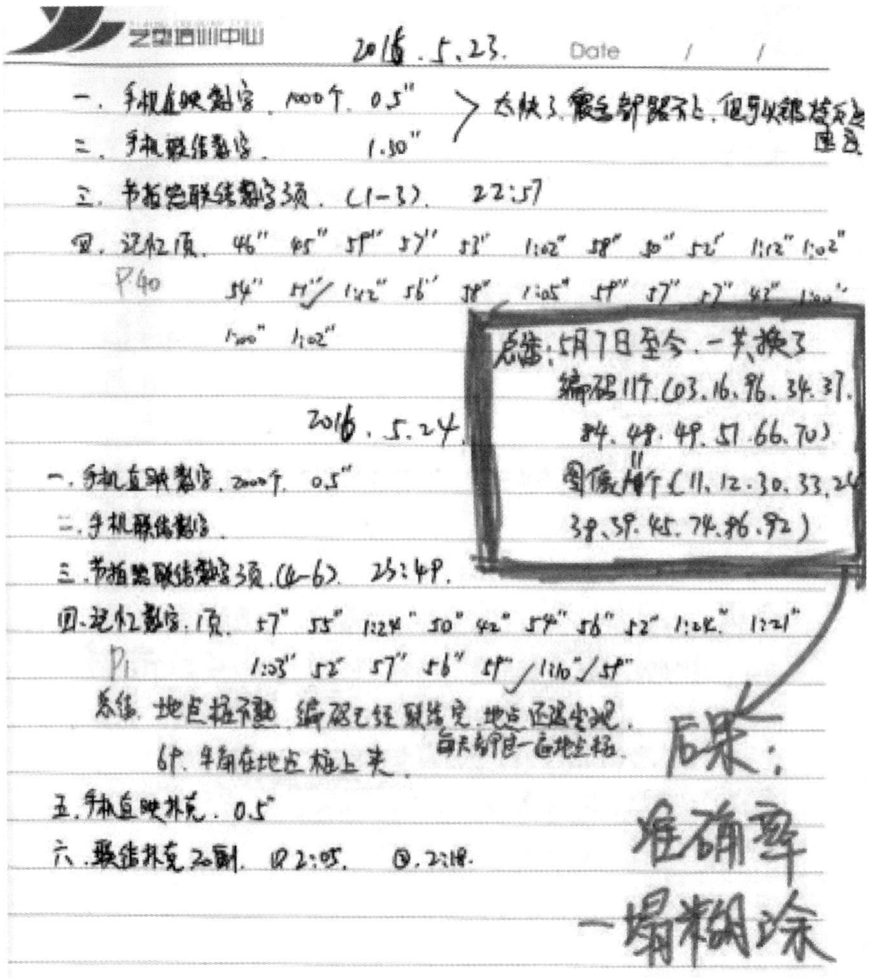

主持人：那第三个阶段又是如何呢？

石燕妮：经过训练以后，大家的水平高了，对编码要求也更高。训练初期觉得这个编码好用，记忆准确率很高，但是后期发现动作太繁杂，影响速度了，这时候就需要再进行优化了。这就是第三个阶段的工作。

主持人：这个优化必须在自己的水平提高以后？

石燕妮：是的。这时候对编码可以优化一下动作。比如10的编码是棒球的那个球棒。训练初期是举起来打下去，很有感觉，但是这里有两个动作了，举和打。随着水平的提高，举起的动作干脆就省了，直接打，甚至是第一个编码和第二个编码一出来，就几乎已经打到了。所以动作越简单、越直接、越快速，就越有利于提高图像连接的速度。

石伟华：这时候影响的可能就是秒级的速度了。

石燕妮：这个阶段的编码优化，也仅限于调整一些编码的动作，不能把整个编码给换了。因为越是到后期，快要比赛的时候，如果把编码给换掉，就没有更多的时间来重新熟悉新的编码，势必会对后期比赛时的速度和准确率造成很大的影响。

主持人：哇，燕妮老师说了那么多，我一下子还不能全部理解。

石燕妮：会有这种情况吧。因为您没有真正训练过，所以我说的这些您不理解也很正常。总的来说，**优化编码的原则：第一，改图像；第二，改动作；第三，改编码；第四，一次性更改编码不超过3个**。不知道我这样回答你满意吗？

观众F：明白了，谢谢燕妮老师！

石燕妮：不客气！

地点桩的优化管理

主持人：哪位观众还有问题要问？

观众G：燕妮老师好。刚才您提到每个大师至少要储备2000个的地点。我想知道这2000个地点应该如何选择？地点多了以后我应该如何去管理呢？

主持人：一听这位观众就是内行，问的问题都这么专业。

石伟华：能提出既专业又有针对性问题的一般有两种人，一种人是刚才主持人说的专业人士，另一种人是媒体的记者。

石燕妮：刚才这位朋友怎么也不像是媒体记者，应该是位记忆爱好者或者是正在训练、准备参赛的选手吧？

观众G：目前在自学，准备明年参赛。

主持人：我说吧，一听就是学过。

石燕妮：既然这样，今天我就在这里分享一下找地点桩的五大法宝吧。

主持人：哇，五大法宝啊！此处必须有掌声。

石燕妮：其实也不是什么法宝，就是在找地点桩的时候要遵守的5个原则。只要遵循这5个原则去找地点桩，就可以保证找出来的地点桩是合理的、科学的。如果找出来的地点桩本身就不科学，那么在后期的训练中很难做到对地点桩的记忆既精准又高速。

石伟华：其实这和数字编码的设计一个道理。如果编码设计得就不科学，就很难做到又快又准。

主持人：要想跑得快，首先方向得对。

石燕妮：差不多这意思吧。

石燕妮：**找地点桩的第一个原则是“顺序”**。顺序是什么意思呢？就是说我们在一个场景中找地点桩的时候，可以按照顺时针的顺序或者逆时针的顺序来寻找。有一点一定要注意，就是把找到的地点桩连起来后必须是一条有规律而且不能交叉的线。

主持人：有一定规律，还不能交叉？

石燕妮：是的。比如我们找到的地点桩分别是门、沙发、茶几、电视等，把这些地点一个个连起来形成一条曲线，曲线中绝对不能有交叉的点。

主持人：是不是可以理解为我们不能在房间里跳来跳去，要一直按一个方向向前走？

石燕妮：是这意思，但也不是要一条直线。如果是一条直线，那**一条直线上的地点桩不要超过3个**，不然会混的。

主持人：没想到就这么简单的一个找地点桩，还有这么多的要求。

石燕妮：这还不够，找好一组地点桩后，还要**特别注意第10个和第20个地点桩**。因为一组地点有30个桩，可以记3行数字。记1行数字需要用到10个地点桩，所以第10个桩和第20个桩是记一行数字的最后一个桩。如果不是的话，那就证明记忆的时候跳桩或漏桩了，这样会影响记忆的。

主持人：哦，每组地点都要标识出这两个地点。

石燕妮：**找地点桩的第二个原则是“特征”**。什么意思呢？就是我们找到的每个地点桩都要有自己独立的特征，也就是说家里相同的物品尽可能只用一次。比如家里有两个一模一样的沙发，那我们就只用一个，这样可以有效防止同样形状、同样风格的图像在大脑中产生混乱。

石伟华：两个一模一样的沙发也可以用，但用之前必须强行改变一下物品的特征。

主持人：怎么改变？

石燕妮：有几种操作方式。一种就是选择同样物品的不同部位。比如两个一模一样的沙发，前面的一个我选用的是沙发扶手，那后面的沙发我就可以选用沙发腿的位置。或者在第二个沙发上放上其他物品，比如衣服或者靠垫等。这样，虽然两个都是沙发，但是它们的差异还是很明显的。

主持人：比如说卧室的两个窗户，前面一个我可以用窗户的窗帘部分，后面一个我可以用窗户的窗台部分。

石燕妮：就是这样。**找地点桩的第三个原则是“适中”。一是地点桩的大小要适中。**太小了看不见，太大了看不全，一般能够承载我们的编码就好。**二是两个地点桩之间的距离要适中。**太远了，回想起来会影响速度；太近了，上面的东西会混淆。建议把距离控制在0.5~5米。

石伟华：这个是可以灵活变通的。

石燕妮：是的。如果两个地点之间距离太远，可以在中间放置或虚拟一些物品来做衔接的地点。但是每组地点（30个）虚拟的地点不要超过5个，如果设置得太多了容易忘记。

主持人：就是这地点本来什么也没有，我可以想象这里放着一张桌子。

石燕妮：差不多这意思吧。**三是地点桩的高低要适中。**每个地点桩最好都在我们的水平视线范围，不要一下子很高、一下子又很低，视线太过跳跃。**四是地点桩的明暗适中。**环境不要太亮或太暗，太刺眼或太模糊会导致地点看不清。**找地点桩的第四个原则是“固定”。**固定的意思就是我们找到的地点桩最好是固定不动的东西，不能是在家里经常移动的东西。比如家养的小狗、小猫等，天天在家里跑来跑去的，就不能当作地点桩来用。

石伟华：但是狗窝可以。

主持人：哈哈，狗窝可以的前提是狗窝也得固定在某个位置。

石燕妮：对。特别是在自己家里找地点桩的时候，更要注意这一点。比如有一盆花，你今天在找地点记忆的时候它放在窗台上，你好不容易记熟了，过几天发现家人给搬到旁边的桌子上了，这样就容易引起混乱。

主持人：所以，为了确保训练效果，坚决不允许家人随便移动任何物品。

石燕妮：那倒也不用，有两种比较好的方法可以解决这个问题。一种是拍照，把家里的物品摆放情况拍成照片，复习的时候只看照片。这种情况比较适合亲戚朋友的家，这样还可以不用去他们家就能拿出照片来复习。

石伟华：这里友情提醒大家，在拍照前最好和亲戚朋友沟通好，说明一下你拍照的目的，不然别人会产生误解。

主持人：是的，要是我朋友到我家里来举着手机挨个房间拍照，我会感觉像是警察到我家来勘查现场。

石燕妮：是的，我们在找地点桩的时候，经常要跟别人解释我们在干吗，有些地方别人也不给拍照。

石燕妮：**找地点桩的第五个原则是“数量”**。不同的比赛项目对地点的要求是不一样的，比如数字记忆一般是30个为一组，扑克记忆是26个为一组，抽象图像的记忆是20个为一组。

主持人：就相当于“专款专用”。

石燕妮：是的，这样便于管理。想成为世界记忆大师，一般需要2000个以上的地点。想成为特级记忆大师就要2500个以上，想成为国际特级记忆大师要3000个以上。这些都是最基本的量，越多越好吧。

主持人：哇！好复杂啊，我终于感受到记忆大师的脑子里装了一座多么庞大的宫殿了。

石燕妮：其实除了这五条原则以外，还要**遵循三个字：“短、顺、快”**。

主持人：除了“五大法宝”，还有“三字秘诀”。

石燕妮：哈哈，没那么夸张。

短就是路程短。路程太长不利于回想，路程越短越利于回想。

顺就是路线顺。能够顺时针或逆时针很顺地过去，不用跳上跳下或者弯来弯去。

快就是回忆快。只有路程短、路线顺，回忆才能快，才会记得快。

石伟华：没想到我妹也是一套一套的。

主持人：人家燕妮是特级记忆大师好不好，当年比赛成绩也是世界名列前茅的。

突破训练瓶颈

主持人：好，我们来听下一位观众朋友的问题。

观众H：燕妮老师好。我现在也在自己做训练，但是训练到一定程度以后，发现自己再怎么训练也无法提高了。比如扑克牌练到2分半左右，再怎么训练也突破不了2分钟。不知道燕妮老师在这方面有什么好的方法和经验？谢谢！

石伟华：这位朋友是指定要燕妮来回答吗？你为什么就认定这个问题我回答不了？

观众笑。

主持人：要不你来回答？

石伟华：就是嘛，有什么呀？！这个问题吧，我觉得是这样，我认为……我还真回答不了。

观众大笑。

石伟华：大家不要笑，因为我练习的最好成绩就是2分半。

主持人：那也很厉害了啊！

石燕妮：我哥的强项是学科应用，不是竞技比赛。刚才这位朋友的问题，我谈不上有什么经验，我就谈谈我自己的经历和感受吧。

主持人：看来你也有过类似的经历？

石燕妮：每个记忆大师在训练的过程中都要经过这个阶段。如果说从专业技术的角度，要解决三个问题：**出图的速度、连接的速度和定桩的速度**。任何一项速度上不去，整体速度就会受到影响。这三项就像一条流水线一样，有一个环节速度慢了，整个流水线就被限制得很慢。

主持人：每一项慢1秒，50多张扑克牌下来是不是就要慢1分钟？

石燕妮：不用说1秒，就是每一项慢0.1秒也不得了。如果按完成一张扑克是三个动作“出图、连接、定桩”，那52张牌就是156个动作。现在的世界纪录是13秒多，大家可以计算一下，每个动作只需要多长时间？

石伟华：不到0.1秒。

主持人：哇！想象不出来是什么感觉。

石燕妮：如果每个环节都慢0.1秒的话，就等于整副牌下来比别人慢了15.6秒。所以，要想把整体的速度提高，必须从每个环节上提高才可以。

主持人：就是每个环节都要单独练习？

石燕妮：是的。就拿出图这个环节来说，如果你现在的出图速度是1秒，那你怎么练可能也突破不了1秒，怎么办？我们在训练的时候也有到了一定速度就怎么也提高不了的情况。那时候和我一块儿学习的同学大部分训练速度到了0.5秒左右，而我还在1秒的速度上徘徊，所以在那个阶段大家给我取了一个绰号叫“闪电”。

石伟华：后来我又把这个升级了一下，叫她“闪电侠”。

主持人：为什么叫你“闪电”，是希望你能够更快吗？

石燕妮：哈哈哈哈。

石伟华：你看过动画片《疯狂动物城》吗？

主持人：看过啊。

石伟华：里面有个树懒，就是“哈……哈……哈……”的那个？

主持人：哈哈哈哈，原来是那个闪电啊！哈哈哈哈，乐死我了。

石燕妮：就是慢得不能再慢的意思，哈哈。

主持人：那你当时不着急吗？

石燕妮：着急啊，但是没什么用，速度就是上不去，而且有一段时间完全没有信心，想放弃了。不过后来还是很感谢我的教练陆伟老师，他一方面不断地从心理上疏导我、鼓励我，另一方面和我一起优化编码，帮我找到问题的根源。

石燕妮与世界记忆大师教练陆伟

主持人：那后来怎么解决的？

石燕妮：后来才知道不是速度上不去，很大原因是自己根本不敢把速度提上去。所以后来陆教练让我使用节拍器训练，逼着自己把速度提上去了。

主持人：节拍器？是练音乐的那种节拍器吗？

石燕妮：是的。把节拍器调整到0.8秒，然后按这个节奏去读牌出图。刚开始的时候有多半的图根本出不来，但是教练让我坚持按这个速度训练。训练一段时间后，就有一半左右能出图了。再训练一段时间，就有80%左右能出图了。

主持人：看来只要把人逼到绝境，没有做不成的事。

石燕妮：关键是如何做到持续提高。教练的要求是，只要出图率能达到百分之七八十的时候，就把节拍器调整得更快。然后一下子又跟不上来，就继续练，一直练到百分之七八十的时候再加速，再练，再加速，再练。就这样，很快我的出图速度也能稳定在0.2秒左右了。

石伟华：人都是逼出来的。很多人学习慢、看书慢、这慢那慢，其实根本原因就是从来没敢快过。一旦快了，就会发现自己其实也能适应。

石燕妮：是的。有了这段经历后，我的信心就足了。于是我就用同样的方法练习连接，一个动作、一个动作地练。把所有编码的连接速度设计好了，固定下来，两张牌、两张牌地练，一直练到这种零点几秒的速度。同样的方法再去练定桩，把所有地址都练一遍，特别是黄金地点桩更是要反复地练。这样经过一段时间后，整体的速度就上了一个新台阶。

主持人：这让我想到一句话：台上一分钟，台下十年功。虽然这个比喻不是特别贴切，但是记忆大师背后的训练确实比我们想象的要复杂得多。我觉得这个时候我们应该把掌声送给燕妮老师。

石燕妮：谢谢大家。希望我的回答能让大家满意。

扬长补短，发挥优势

主持人：接下来，哪位观众还有问题要问？

观众I：燕妮老师好，刚才您讲到在制订计划的时候，要充分考虑自己的强项。我想请教您，在知道了自己的强项以后，该如何更好地发挥自己的强项呢？或者说如何不断地突破自己的实力，让自己的强项变得越来越强呢？

主持人：这个问题很有深度啊！就是如何把自己擅长的能力发挥到最大极限？

石燕妮：这个问题对我来说好像也有难度，我还真不知道怎么回答。

石伟华：要不我来替你回答？

石燕妮：好哇！太好了，现在请我哥帮我回答这个问题！

石伟华：我觉得吧，这个问题……

主持人：我还真回答不了。哈哈哈哈。

观众笑。

石伟华：那倒不是。我觉得吧，这个问题，首先呢，哈哈，燕妮同学可以直接讲一讲你当年是如何把你的强项发挥到极致的就可以了。

观众大笑。

主持人：回答完了？

石燕妮：这不是回答完了，是把球给我踢回来了。

石伟华：关键是我给出了最完美的思路。哈哈。

石燕妮：好吧，那我就讲讲我当年是如何把我的强项发挥到极致的吧。前面我曾经提到，我的强项是马拉松扑克和马拉松数字。就是这种不比速度而比耐力的项目。之所以这样的项目我比较擅长，是在训练的时候我发现我有一个其他队员非常不擅长的能力。

主持人：什么能力？是长时间的专注吗？

石燕妮：不是，是我在记忆的过程中，只需要看一遍就能记住，而大部分的队员需要记2遍甚至3遍。

主持人：哦，就是说虽然你记的速度很慢，但你只需要记一遍就够了。别人虽然比你记得快，但要记2遍甚至3遍。这就是说别人要至少2倍甚至3倍于你的速度，才能在同样的时间内追上你的进度。

石燕妮：实际上在正式的比赛中，大部分选手是采用记3遍的模式。快扑（快速扑克记忆）还好，大部分选手记2遍，个别的高手是记1遍。但是马扑（一小时马拉松扑克记忆）基本都要记3遍，毕竟要保证在自己大脑中至少要保持2小时的记忆，所以2遍能记牢的选手是很少见的。

主持人：哦。记3遍，1小时要把几十副牌一张张地记3遍，确实很恐怖。

石燕妮：更让人恐怖的是我在训练的时候基本上是只记一遍。哈哈哈哈，没吓着你吧？

石伟华：我之前练习的时候，2分半是记3遍。

石燕妮：不过可能大家会有一个疑问，只记一遍能记住吗？毕竟一千多张扑克，我这里可以明确地告诉大家——记不住！

主持人：哈哈。记不住那有什么意义？

石燕妮：是这样的，一般的选手记一遍，大约能记住50%，记2遍的话是80%左右，记3遍大部分选手就可以做到100%。但是我记一遍就能做到80%以上的准确度了。

主持人：所以在正式比赛的时候，你记2遍，就可做到100%正确了。哇，你太厉害了！佩服！

石燕妮：所以，当我发现自己有这样的能力后，我就刻意在这上面练习。不管自己的速度提到多快，也不管自己一遍记下来能记住多少，哪怕只有50%、60%，我也坚持只记一遍。这样，自己这方面的能力就慢慢训练得越来越好。

主持人：这就是你说的把自己的特长发挥到极致的意思吧。

石燕妮：对。因为我发现除了这个，我在历史事件的记忆、数字听记、抽象图像这种不比拼速度的项目上都有优势。我就不断在这些项目上和教练一起探讨适合我的训练方案，这也是我最后能在世锦赛上取得一个还算不错的成绩的原因吧。

石伟华：燕妮，我问一个问题啊。你从拿到“记忆大师”称号到现在也过去几年的时间了，如果再让你参赛的话，你感觉还能发挥到什么样的水平呢？或者说你要想重新找回当年最理想的状态，需要重新准备多长时间呢？

石燕妮：保守估计的话，至少2个月吧！

主持人：2个月？那你感觉你的成绩和当年相比怎样？

石燕妮：现在真不好说。因为近几年朝鲜、蒙古、印度等几个国家的成绩异军突起，而且和之前的纪录相比完全不是一个量级的，所以如果再让我参赛，我感觉自己想进世界前50都很难。

主持人：你太谦虚了吧？

石燕妮：真不是我谦虚，现在高手真的太多了。

石伟华：突然让我想起那句话：“我之所以被打败了，不是我水平太差，而是对手实力太强！”

观众笑。

石燕妮的世界记忆大师证书

寻找志同道合的伙伴

主持人：听了两位老师的分享，我想一定有越来越多的人想成为记忆大师。但是有个问题，像燕妮老师所说，要3~6个月的职业训练。这对于大部分的上班族也好，在校学生也好，都是特别不现实的一件事，除非是自由职业者或者大学毕业后还没参加工作的人才能有这么长一段时间用于训练。

石伟华：是的，确实如此。特别是对于很多中小学生来讲，更没有太多的时间拿出来训练，否则会有很多家长愿意让孩子参加这类训练。

主持人：所以我特别想知道，如果不参加这种专业的封闭训练，自己利用业余时间在家自学、自己训练，有没有可能成为记忆大师？

石燕妮：这个也不是完全没有可能，但是相对来说概率会低很多。

石伟华：目前来说，我听说的完全靠自学成为记忆大师的只有两三位老师，当然也可能还有其他人，但是确实很少。

主持人：那主要原因是什么呢？自己训练的方法不对？

石燕妮：其实方法很简单，关键是如何坚持下来。因为训练量达不到是不可能在这样的比赛中拿到好成绩的。比如马拉松扑克这一项，正式比赛是1小时，2019年的及格线要求是12副牌。对于新手来说最后的一个月时间，差不多每天至少要记15~20副牌，才能保证比赛的时候能稳定发挥。

主持人：但是这在家里也能练习啊？

石伟华：理论上是这样，但是实际操作起来难度很大。举个简单的例子，不用说1小时不动在那记扑克，你能做到每天1小时把自己关在一个房间里不出来、不接电话、不看手机、没人打扰吗?

主持人:一天还好,要是坚持一两个月有点难。

石伟华:不是有点难,是几乎不可能,特别是已经成家、有孩子以后就更难了。这家里要养个小猫、小狗,这事就别想了。所以说家里的环境就不太适合像这样长时间的训练。

主持人:看来环境很重要,而且这个和在家复习考试还不太一样。

石伟华:不是不太一样,是太不一样了。复习考试就算被打断一两分钟影响不大,但是记忆训练被打断一次基本上就白练了,必须重新开始。另外一点,除了环境,更重要的还是氛围。

石燕妮在训练基地

石燕妮:是的,当一群人都在训练的时候,想偷懒都难。我们在训练基地训练,刚开始的时候我还没有完全融入团队中。那时候只要训练找不到感觉、心情不好,就跑到影院看电影。

主持人：哈哈，现在还能回忆起当年看了哪些电影吗？

石燕妮：有两部电影记忆还是挺深刻的，因为这两部电影跟我的训练有关，一部是《疯狂动物城》，刚刚说的我就是电影里面的闪电，哈哈。另一部是《垫底辣妹》，说的是一个学渣女高中生逆袭考上名校的电影。我那时的水平还很差，也正是这部电影对我的激励特别大，所以回来后我就很努力地去训练了。其实看完电影后，我会有一种深深的负罪感，因为其他同学都在努力训练，而我跑去看电影，感觉很对不起“江东父老”。从那以后，我的训练就更加努力了，成绩也很快提升了。

主持人：感觉像是一种逃避战争后的负罪感。

石燕妮：差不多吧。

石伟华：就像燕妮说的那样，如果是一个人在家训练，没感觉就从电脑上找部电影，没感觉就找部电影，那估计一个月下来，能看上百部电影。

主持人：这是为什么？

石伟华：因为在家犯错误的成本太低了。你在训练基地想去看电影，至少还要买票吧，还要走到电影院吧，看完了还要再走回来吧。在家里的话连屁股都不用挪一下，点两下鼠标就犯错误了。

主持人：是的，这要在家里看完了电影可能感觉就困了，算了，洗洗睡吧。哈哈。

石燕妮：其实我不单单是不想训练了就去看电影，我开心也去看电影，心情不好也去看电影，测试完后也去看电影，停电了也去看电影。训练的9个月里，娱乐项目就是看电影了，大半年下来，真的看了很多电影。

观众笑。

石燕妮：不过有很重要的一点，就是当一群人一起训练的时候，会有相互对比。这种对比虽然有时候会打击自己的自信心，比如刚开始我就是被对比打击得没有了自信那种，但更多的时候还是能够真实地看清自己的水平到底是怎样，自己和别人的差距到底有多大。如果天天自己在家里练，有一点小小的进步可能就满足了，很容易出现“坐井观天”的心态。

主持人：那训练基地是不是经常组织大家比赛？

石燕妮：不仅是组织比赛，教练还会天天盯着你，每天关注你的进步，及时发现你训练中错误的地方。

石伟华：这一点很重要，一个犯过无数次错误但最终取得成功的人，会一眼看出你正在犯的是当年他犯的哪个错误。

主持人：这就是经验对吧？

石燕妮：要完全相信教练的专业能力，他们真的能从非常专业的角度给出指导，哪怕是一些非常细小的、不容易觉察的错误，他们都能捕捉到。所以，跟着教练训练的最大好处，就是能少走好多的弯路。

主持人：所以你们还是不建议自己在家训练？

石伟华：不是不建议，除非你有极强的自控力。如果自己感觉管理不了自己，最好的办法就是找个人管着自己，或者找一批人一起管着自己。

主持人：这确实很有道理。很多事情一个人坚持不了，一群人一起坚持的时候，可能大部人就能坚持下来了。

石燕妮：是的，所以我一直很感激我当年的教练和当年一起训练的那些伙伴。

主持人：那两位有什么推荐吗？比较好的训练基地。

石燕妮：这个咱还是私下交流吧，毕竟这是电视节目，否则大家还以为我收了别人的钱替别人做广告呢！

主持人：哈哈哈哈，好，录完节目一定要告诉我。

（石燕妮按：因篇幅所限，针对竞技方面的问题只能给大家做一些简单的介绍。如果大家对竞技真的感兴趣，想了解更多的技巧和方法，以及一些与比赛相关的视频教学、资料等，欢迎大家与我联系，共同探讨。）

第四章
学以致用

CHAPTER 4

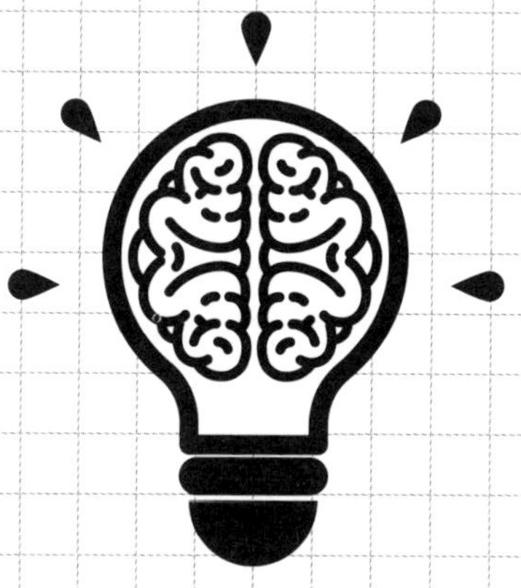

- 不会实践的比赛冠军不是好记忆大师
- 记忆法的限制和优势
- 用记忆法背诵古文
- 用记忆法背诵英文单词
- 用记忆法背诵历史事件
- 用记忆法背诵法律、医学等专业知识
- 比记忆法更底层的思维工具

主持人：前面我们讨论的话题，主要针对记忆大师比赛。其实观众朋友可能更关心的是如何把这种方法应用到学习上。特别是中小学生的家长，都想知道这些方法对孩子学习的帮助到底有多大？

石伟华：的确，关心这个问题的家长应该比想参加比赛的人多得多。

石燕妮：确实是这样，现在越来越多的记忆大师开始转向做学科记忆方法的培训。因为这才是市场最需要的，也是家长和孩子们最关心的。

主持人：那我们接下来想问的这些问题就和学科应用有很大关系了。

不会实践的比赛冠军不是好记忆大师

主持人：你们能不能从训练内容、训练要求等多个方面跟大家聊一聊这种记忆方法在“学科应用”和“竞技比赛”方面有哪些区别？

石燕妮：我觉得记忆方法是一样的，只不过运用的场合不同、要求不同而已。竞技对记忆的准确率、速度要求更高，而学科记忆对知识的理解、所记材料的关联和运用要求更高。

主持人：原理都一样，表现形式不同。

石燕妮：同样是枪，我们可以用来参加奥运会的射击比赛，可以用在战场上冲锋陷阵，还可以用来在闲暇时光里去打猎。只不过是枪在不同场合以不同的姿态出现，发挥了适合特定环境的功能而已，本质是一样的。

主持人：这个比喻不错。

石燕妮：我们在学科实用记忆法遇到数字信息时会运用比赛时记随机数字的方法，遇到文字信息时会运用比赛时记随机词汇的方法，遇到图像信息时会运用比赛时记抽象图形的方法，你说竞技记忆和实用记忆有什么区别呢？本质是一样的。

石伟华：听上去好像很有道理。

石燕妮：什么叫听上去？！你不同意你就直说！

石伟华：我赶紧闭嘴！

观众笑。

石燕妮：从记忆内容方面来说，竞技记忆和实用记忆本质是一样的。竞技记忆要训练10个项目，包括数字、扑克、二进制、抽象图形、人名头像、随机词语、听记数字、历史事件等。有纯数字项目，有纯文字项目，有纯图像项目，有相互混合的项目。可以说，记忆大师训练的内容已经包含了我们日常学习、工作和生活中遇到的几乎所有内容。

主持人：我们日常生活和学习需要记的东西似乎也就这么多。

石燕妮：从高效记忆需要的**能力方面**来说，竞技记忆和实用记忆本质是一样的。竞技记忆会重点提升我们三项能力，分别是：**创建和操纵表象的能力、专注力、想象和联想能力**。创建和操纵表象的能力就是把抽象材料转换成形象材料的能力，比如看到一个词语，马上把它转化成图像来记忆。

主持人：就是我们前面提到的一切信息都是图像。

石燕妮：**专注力也是记忆训练的关键**。要想成为记忆大师，必须拿下马拉松项目。马拉松项目记忆需要1小时、回忆和答题需要2小时，一场比赛连续3小时。这3小时内你必须全神贯注，请问，如果拥有连续3小时完全不分神的专注力，是不是能够做好任何事情，能学好任何学科知识？

主持人：确实，记忆大师的专注力都相当好。

石燕妮：**想象和联想能力是创造力的关键**。怎样把抽象材料转化成图像、声音、动作等形象性材料进行记忆？主要靠想象和联想。记忆大师训练过程中会有很多方法用来训练提升想象力和联想能力。

主持人：确实，那么多的编码图像，没有好的想象力是不行的。

石燕妮：从高效记忆学习和掌握过程方面来说，竞技记忆和实用记忆本质也是一样的。记忆法和其他技能一样，都需要先学习理论，然后进行训练，训练过程中再补充理论学习，然后继续训练，在训练中把技能提升到最强。这也要求大家进行记忆大师训练时一定不能心急，不要觉得听了课好像没有掌握到什么，听完课最重要的环节还有训练，训练过程中再听课，不断重复，才能真正掌握高效记忆法。

石伟华：这一点我非常认同。我经常说“三分学，七分练”。

石燕妮：所以，不管从哪方面来说，竞技记忆和实用记忆本质都是一样的。只不过竞技记忆对记忆质量、速度、准确率要求更高，就像职业运动员和业余运动员的区别。成为记忆大师不能100%保证让你成为学霸，但能最大限度地提高你从普通人变成学霸的概率。

石伟华：那谁是职业的？谁是业余的？

石燕妮：我哥又不服！

主持人：哈哈。

石燕妮：哥，你别总是不服气。记忆大师记忆任何材料都会比自己没有成为记忆大师时快很多倍，甚至有很多材料在没有成为记忆大师时，是根本不相信自己能记下来的，成了记忆大师后，很轻松就记下来了。

主持人：比如呢？

石燕妮：比如3个小时倒背如流《弟子规》、3天倒背如流《道德经》、2周抽背点背《大学英语四六级单词》。

主持人：有这么厉害吗？

石燕妮：比如电视上那些挑战类节目中的记忆指纹、二维码、窗花、斑点狗，比如5分钟记住300个随机数字，5分钟记住80个随机词语。如果没有经过专业系统的记忆训练，没有达到记忆大师水平，以上的任何一项都是几乎不可能完成的。

主持人：我看过类似的节目，确实是不可思议。

石伟华：在这一点上，我和燕妮的意见还是有很大的分歧的。我觉得，竞技类的记忆法和学科类的记忆法最大的区别是什么？竞技类记忆法追求的是速度，也就是看谁能记得更快；而学科类的记忆法追求的是牢固性，也就是看谁记的时间更长。

石燕妮：我们也能记得很牢啊，我当年比赛的那副牌到现在我还能记得清啊。

石伟华：你先别激动。你刚才分别从内容、能力、过程等不同方面分析了两者的区别，得到的结论是“两者没有区别”。你这本身就是一篇跑题的作文。

石燕妮：我哪儿跑题了？

石伟华：主持人问的是“两者最大的区别是什么，”你洋洋洒洒写了好几千字，得出一结论“没区别”。要我是老师，你的这篇作文只能给0分。

观众笑。

主持人：我问的似乎确实是区别。

观众大笑。

主持人：那伟华老师来给大家写一篇满分作文吧。

石伟华：我觉得两者的区别还是很大的。虽然世界脑力锦标赛有10个比赛项目，但是这相当于什么？相当于考试已经知道试题内容了，就考这10项，你只要把这10项练好就可以了。

石燕妮：你把我们记忆大师看得也太简单了吧。哈哈。

主持人：把简单的事情做到极致，这才是真正的优秀！

石伟华：我并不是看不起记忆大师，相反我真的非常佩服每一位能坚持下来并取得记忆大师资格的人，包括我妹燕妮！

石燕妮：哈哈哈！这话听着一点也不诚心！

石伟华：因为竞技记忆的内容是固定的，编码是提前训练好的，比的是速度和耐心，确实像运动员，职业的运动员。当然，在这一点上，我承认我们是业余的。

主持人：是的，其实拿到一个记忆大师的资格就相当于在奥运会的某个项目上拿到了金牌。

石伟华：其实这个比喻不完全贴切。我想表达的意思是，记忆大师相当于运动员，比如游泳运动员。你能拿到记忆大师说明什么？说明你蛙泳、仰泳、蝶泳、自由泳、混合泳，各种姿势你都达到了国际领先水平，游泳我不太懂，就这意思。

主持人：那学科应用是哪种游泳姿势呢？

石伟华：学科应用时才不管你用哪种姿势呢，只要你能游过去就行。

主持人：这似乎更简单啊？！我想怎么游就怎么游了？

石伟华：看起来好像更简单，但实际情况是怎样的呢？客观条件变了。你现在不是在游泳池里游泳，你现在可能是在湖水中，可能是在大海里，还可能在长江、黄河，甚至泥潭、沼泽地里游泳，我们的目的是游过去、活下来，而不是比谁快。

主持人：伟华老师这个比喻也很贴切。

石伟华：这还不是重点，更重要的是什么？你现在不是穿着专业的泳装游泳，你可能穿着运动服，还可能是穿着棉衣、羽绒服，但你也得想办法游过去。你可能要背着行李，你还可能要带着一个人，你甚至有可能被人绑了手脚，甚至在游泳时都无法辨别方向，你不知道前方还有多远，旁边有没有同伴，你不知道自己现在前进的速度是快是慢。总之，你什么也不知道，什么意外都有可能发生，但你得努力游，一直游！

石燕妮：让我哥这么一说，感觉我们记忆大师是运动员，他们搞学科记忆的全是特种兵！

观众笑。

石伟华：那好，我换个更通俗的说法吧。如果把记忆大师比作举重运动员的话，那我们这些做学科记忆的就是搬家公司的装卸工。

主持人：这个比喻还是挺到位的。举重运动员面对的就是面前那个杠铃，要不断地冲击更高的世界纪录。而搬家公司的装卸工虽然举不起几百公斤的重物，但是他们的优势是什么形状的重物都能搬得动。

石燕妮：我们这些运动员可以去做装卸工啊！

石伟华：但如果没有专门的训练和实践的积累，你们绝对没有职业的装卸工干活的效率高。当然在这一点上，我也真的非常认同燕妮的一个观点，就是“记忆大师转型做学科应用记忆，会比普通人优秀得多”。

主持人：因为记忆大师有了很好的记忆功底，俗话说“底子厚”！

石伟华：是的。学科记忆和竞技记忆还有很重要的一点，就是对材料的处理能力。最简单的例子，如果一个人只参加了记忆大师的训练，扔给他一本《道德经》，可能他还真的无从下手。

主持人：为什么呢？

石伟华：因为记忆大师训练的信息转化是现成的，数字也好、扑克也好、二进制也好，这些编码都是提前编好的，然后反复用。而实际记忆文字材料的时候，每一个题目、每一个知识都不一样，这就需要有把任何的信息都转化成图像的能力。

主持人：记忆大师的特长是在记忆速度上有绝对的优势，而学科应用的优势在于什么样的材料都能记，我这样表达对吧？

石燕妮：许多记忆大师现在也是什么材料都能记啊？！

石伟华：那是因为拿到记忆大师的资格后，逐渐转型做学科记忆了。

石燕妮：你就想表达你比我牛呗！哈哈哈！

石伟华：不，恰恰相反。你们记忆大师能轻松转型做学科记忆，可我再怎么转也成不了记忆大师！

记忆法的限制和优势

主持人：感觉这兄妹俩是来这儿说相声的！咱也不知道这两位老师是在这儿互相吹捧呢，还是互相埋汰对方呢！

石燕妮：我哥其实私下里对我挺好的，就是人越多他越嘚瑟！哈哈！

主持人：没关系，就让他嘚瑟吧！那伟华老师，像我是学文科的，从上中学理科就不太好。我特别想知道，记忆法是不是对所有学科的学习都有帮助呢？比如数学？

石伟华：很多人都有这样的疑问。一些培训机构在广告宣传的时候也给了大家一些误导，让大家觉得记忆法是万能的，只要学了记忆法就能把所有学科都学好了。事实上并不是这样的。

主持人：那你的意思是理科的知识，像数学公式、物理化学公式这类知识无法用记忆法来记？

石燕妮：他刚才还在夸自己什么材料都能记呢！哈哈！

石伟华：这不是一个概念，你们听我慢慢解释。**学科的学习大概需要三种能力：背诵记忆的能力、推理运算的能力、创作设计的能力**。比如像历史、政治这类学科的知识点靠的是背诵记忆，而像数学、物理这样的学科主要靠的是推理运算，而像写作文这类靠的就是创作设计的能力。

主持人：写作文似乎也是文科类的吧？

石伟华：是的，只能说是在初中、高中阶段涉及创作设计的只有作文，但是到了大学或者到了科研阶段，可能理科类更需要创作设计的能力。我们通常说的科学家，需要的正是这种能力。

主持人：发明家，是这意思？

石伟华：对。**记忆法能解决的就是跟背诵记忆有关的学科知识**。这么说吧，如果给你本教材，开卷考试，你能考满分，那这类学科就可以用记忆法解决。像数学、物理这类考试题，如果理解不了压根就不算学会，只要不考书上的原题，给教材也答不出来。

石燕妮：我上学的时候就属于理科好、文科特别不好的那种，所有需要背诵的学科都不喜欢。

主持人：那时候如果能学会这套方法，是不是就成学霸了？

石燕妮：就算考不上北大、清华，应该也差不到哪儿去吧？哈哈哈哈。

主持人：那像我这种理科不好的学生是不是就没救了？

石伟华：其实也经常有朋友问我："老师，数学公式怎么记？物理公式怎么记？化学公式怎么记？"说实话，如果单纯是为了记住公式，记忆法是能解决的，而且很容易解决。在我的一本书（《学霸都在用的超级记忆术》）里有专门的讲述，很容易就能一口气记好多公式。

主持人：那不是很好吗？

石伟华：问题是学数学的目的不是为了记住这些公式，再说数学考试也不是考默写公式、公式填空。我们必须理解这些公式的意思，还要学会如何运用这些公式解决问题，这才是数学学习的根本。

主持人：这就是我们这种人学不好数学的原因。什么时候考数学按你刚才说的出题默写公式，我可能还有希望。

石伟华：哈哈。所以后来再有人问我这个公式怎么记、那个公式怎么记，我就不讲记忆法了。我直接告诉他们"去找和这个公式有关的例题做上100道，自然就记住了"。

主持人：你这招挺狠，不过绝对有效！

石伟华：是的。否则就算用记忆法帮他们记住那些公式，也不能帮他们把成绩提上去，更不能帮助他们学好数学。

石燕妮：其实现在反过来看，很多文科知识也是需要理解的。

石伟华：是的。实战派记忆导师林彼得有句话非常经典，叫"无理解，不记忆"。

主持人：就是我们常说的"先理解，再记忆"吧。

石伟华：不完全是这个意思。其实现在很多在记忆法学科应用方面比较专业的老师都在推行一个理念，大概意思是“凡是能够通过理解和想象就能记住的内容，不要启用记忆法”。

主持人：这话听起来就像一个卖蛋白粉的在宣传“凡是能通过一日三餐补充蛋白，就不要吃什么蛋白粉”，哈哈哈哈。

石燕妮：还确实是这样，我记得海洋老师（张海洋）成功背完12部经典，包括《孙子兵法》《道德经》《论语》《庄子》等，加起来有十几万字，这些全都背下来之后分享了一句话，我印象特别深刻，他说：“到最后我都不知道自己有没有用记忆法”。

主持人：这话确实很有意思。

用记忆法背诵古文

主持人：听了两位老师刚才的分享，我们知道了记忆法对纯背诵类知识确实有很大的帮助。现在两位老师能不能简单给我介绍一下用记忆法背诵的好处，或者说通过什么方法给大家展示一下记忆法是如何背诵的。要不干脆教大家背一段如何？

石伟华：没问题。这样吧，我们先给大家展示一下用记忆法记住的内容和大家死记硬背记住的内容有什么区别吧！

主持人：这个怎么展示呢？你是要现场和大家比赛背诵《论语》吗？

石伟华：那倒不是。我这里有一本《道德经》，现在你随便翻一页，只需要说出是第几页的第几句，然后让燕妮来回答好不好？

主持人：哇！这个也太厉害了吧，大家相信吗？

石燕妮：我也好久没有复习了，我试试吧，我不能保证都能回答正确。

主持人：我先给现场的观众介绍一下，这本书是这样编排的。每一章的原文部分都是从新的一页开始，后面紧跟着是白话译文。白话译文长短不一，有的可能占半页，有的可能占两页，所以并不是第一章在第一页，比如第15章在这本书的第27页。我觉得单单把这些页码记下来就很难了，还要记住第几句，这个我确实有点怀疑。

石伟华：没关系，你随便提问一个试试吧。

主持人：那我就不客气了。我随便翻一页吧，第95页的第3句。

石燕妮：95页，第3句。让我想想。应该是“无为而无不为”。这是第四十八章，“为学日益，为道日损。损之又损，以至于无为。无为而无不为。取天下常以无事，及其有事，不足以取天下 。”

主持人：这也太厉害了，我再提问一个。要不让现场的观众提问吧，否则大家会不会怀疑我是你们的托儿！来，工作人员帮忙传到观众席。

观众J：第162页，第5句。

石燕妮：162页，第5句。我想想……

石燕妮：是162页吗？

观众：是的。162页，第5句。

石燕妮：好，我想想。

主持人：是不是后面的不是很熟？

石伟华：不会的，前后没有太大区别。燕妮，我感觉这个观众是在故意坑你。

主持人：怎么讲？

石燕妮：我想起来了。确实像我哥说的那样，第162页是第七十一章，“知不知，尚矣；不知知，病也。圣人不病，以其病病。夫唯病病，是以不病。”。这一章一共只有4句，根本就没有第5句。

观众：回答正确。

观众热烈鼓掌。

主持人：这位观众朋友确实太坏了，哈哈哈哈。不过燕妮确实厉害，我一个文科生都对你佩服得五体投地！

石燕妮：这是我哥的功劳。

主持人：厉害厉害！我特别想知道要背到这种程度需要多长时间？

石伟华：不到24小时吧。

主持人：天呐！用不到一天时间就能背完《道德经》共81章五千多字的古文？

石燕妮：听我哥瞎说，每天大约3小时，背了整整一周。

石伟华：三七二十一，这不没到24小时吗？

主持人：这也已经很厉害了，完全不敢想象啊！怪不得你们刚才说海洋老师可以背下12部经典。

石燕妮：其实只要掌握了方法，很简单，每个人都能做到。

主持人：这个一定要给我们讲讲，到底是怎么记的，大家想不想听？

观众：想！

石伟华：那好，那我就教大家背一下第一章好不好？

主持人：不，等一下。第一章“道可道，非常道”会背的人太多了，我觉得还是找后面大家不熟悉的吧。

石伟华：好，那我随便翻一章。就这一章，第十二章。

五色令人目盲；五音令人耳聋；五味令人口爽；

驰骋畋猎，令人心发狂；

难得之货，令人行妨。

是以圣人为腹不为目，故去彼取此 。

主持人：好，就这一章吧。

石伟华：在背诵之前 ，先把这一章的内容读熟，特别是对里面不熟悉的、不能确认读音的字，通过查字典、查资料确认它的读音。比如“畋”字，应该读作“tián” 。可能大家都认识，反正我当时不认识，现查的字典。

观众笑。

石伟华：在第一遍读的时候，千万要注意，不要着急，一个字、一个字地读，因为古文这东西确实有些拗口。我们要确保第一次读的时候不能因为粗心而读错，否则以后改正比你重新记一遍还要麻烦。

主持人：这个我深有体会，第一次记错了，以后好多年都改不过来。

石伟华：是的，这个过程，我们叫“读准”，属于声音记忆的过程。

石燕妮：其实如果再提高记忆效率的话，最好是至少读3遍，保证自己能读熟。

石伟华：对，先读3遍。下一步就是要理解这段文字的意思，这个过程大家可以参考各种资料上的解释。从纯记忆的角度来说，古文能不能真正理解对记忆的影响不大。即使理解不了，我们一样能记住。

石燕妮：我记的时候因为时间比较紧，基本都没来得及细看白话译文，只是粗略了解了一下。

主持人：不是说要先理解，再记忆吗？

石伟华：是的，这里我要说的理解是另一个层面的理解。我们需要从原文中找一些规律出来。比如第一句，“五色令人目盲；五音令人耳聋；五味令人口爽”，其中的三个小短句都有一个共同点，第一个字都是“五”，中间都是“令人”。这样就好记了，我们只需要记住“色、音、味”就可以了。后面的“目盲、耳聋、口爽”稍有点常识就可以根据“色、音、味”联想到，因为它们是一一对应的。

主持人：色对应目盲，音对应耳聋，味对应口爽。

石伟华：是的。下一步，就是把“色、音、味”转换成图像，分别用几样东西来代替。比如，我分别用“调色板、古琴和调料盒”来代表。再把它们组合一个图像出来，比如，我们可以想象“拿着一把大刷子沾满各种颜料在一把古琴上乱画，画完还在上面撒上各种调料”。

主持人：这个图像很生动啊！可是为什么不能想个唯美点的图像呢？

石伟华：大脑的记忆是源于外界的刺激。刺激越强烈，记忆就越深刻。符合常理的、日常生活中经常见到的场景带来的刺激，远不如不符合逻辑的另类场景带来的刺激程度高。

主持人：所以，要故意想象这种另类的组合对吧？

石伟华：是的。完成这一步以后，我们还要把这组图像保存到地点桩上。像记忆《道德经》这样的长篇，我们的习惯是把每一章放到一组地点上，这样可以方便快速地查找每个章节。比如这一章的内容我们就放到咱们现在的演播大厅。

主持人：可以随便放哪组地点，没有要求吗？

石燕妮：用哪组地点倒是没有多大关系，因为后期可以用数字编码把每一章节和书的页码连接起来。

石伟华：因为现场的观众都没有提前记忆地点桩，所以现在只能以大家能看得到的演播大厅来举例说明。

主持人：哦！

石伟华：这一章，只有4句，我们就来找4个地点桩。比如从你这边开始，这个小桌为1，燕妮坐的沙发为2，右前方这台摄像机为3，下去的台阶为4。

主持人：1、2、3、4。这只有4个还是能记住的，哈哈。

石伟华：现在我们就把刚才构思的场景1保存到地点桩1上。现在你就想象在这个小桌上一把沾满了各种颜料的毛刷在一把古琴上乱画，画完了还要在上面撒上各种调料，什么盐啊、辣椒面啊、孜然啊……

石燕妮：你吃得还挺全，哈哈。

主持人：这样味道更足，哈哈。

石伟华：现在可以尝试来一起回忆一下。沾满颜料的刷子代表的是什么？

主持人：五色。

石伟华：古琴呢？

主持人：五音。

石伟华：辣椒面呢？

主持人：五味。

石燕妮：光辣椒面哪来的五味，明明只有辣味好不好？！哈哈。

石伟华：别捣乱！你现在尝试回忆一下。

主持人：好，我试试。五色，中间是什么来着，是“令人”对吧？

石燕妮：是的。

主持人：五色令人目盲；五音令人耳聋；五味令人口爽。

石伟华：完全正确！

主持人：我居然也记住了。不过我有个疑问，如果就这三句，我死记硬背也记下来了，而且可能用的时间比这个还要短。

石伟华：是的，很多人都有这样的疑问。这也是为什么这种方法还不能得到更多人认可的原因。其实如果仅仅是记这一句，或者说仅仅是记三章两章的话，可能死记硬背的效率更高。

主持人：对啊！那为什么还要用这种方法？

石燕妮：这种方法可以做到连续记10章，甚至可以做到一天记30章、50章。死记硬背要是一天背50章，非疯了不可！

石伟华：是的。很多人不认可这种方法的原因就是很少有人会一天背几十篇古文。大家的需求基本是一天背两三篇古文，或者十来首古诗，这种情况下并不能彰显记忆法的厉害。但是如果真的比赛记忆《唐诗三百首》或者记《道德经》全文，可能不会记忆法的人就要抓狂了。

主持人：如果现在让我背《道德经》全文，我会一天背一章，用3个月时间背完。

石燕妮：但是现实中真正能坚持3个月的人太少了，大部分人坚持几天就放弃了。

主持人：是的，能坚持的人很少。我当年真的也下决心要背下全文，但是坚持背了20章左右就放弃了。哈哈。

石伟华：是的。所以一定要借助记忆法用最短的时间一口气把它记完。

石燕妮：当时我哥就要求我3天时间记完，我后来耍赖偷懒，用一周时间记下来的。

主持人：这已经很了不起了。看来有机会我也要用你们的方法再去挑战一下。燕妮用了一周对吧，我争取10天记完。

石伟华：太不自信了。就3天，多一天也没有。

主持人：好吧，我努力！哈哈。

用记忆法背诵英文单词

主持人：我们问一下现场的观众有什么问题吧！

观众K：两位老师好！我特别想知道，记忆法在记英文单词方面有什么好的方法吗？

主持人：记英文单词，我想也是很多人的需求，有多少人对英文单词的记忆是既向往又恐惧啊！

石燕妮：我上学的时候英文特别不好，当然现在也没好到哪儿去。哈哈。不好的原因就是特别不喜欢背单词。

石伟华：说实话我英文也很不好，而且我也不想欺骗大家，我英文的词汇量到现在也不大。但是这不影响我教会大家快速地记英文单词。

主持人：好的伯乐不需要会跑步，好的足球教练不一定会踢球。

石燕妮：是不是好的英语老师都不一定会说英语？！

石伟华：那不是。因为这些方法也不是我发明的，但是我自己也亲自用这种方法去试过，一天时间可以记500个新的单词。

主持人：500个？你这一天是不是又是24小时的概念？

石伟华：大约五六个小时吧。上午3个小时，下午3个小时。

主持人：那已经很厉害了。这有什么诀窍吗？

石燕妮：其实不管用记忆法来记什么信息，都离不开图像。

石伟华：是的，简单讲就是把每个单词都在大脑中转换成图像。

主持人：古汉语好歹是文字，根据意思转成图像我还能理解，这英文怎么转？

石伟华：咱们还是举例说明吧。我们来看一个长单词，看一个短单词。

主持人：好的，不过最好不要是大家都熟悉的单词。

石伟华：好的，我们先来个长的吧。比如说这个单词，“capacity”，这个单词有多少人认识？

石燕妮：这还长啊？！我记得我上初中时学的最长的一个单词是“disappointed”。

主持人：这个虽然不长，但一时想不起来了，只是觉得有点眼熟。我看一下现场的朋友，认识这个单词的朋友举个手吧。

石伟华：我看好像只有极少数观众朋友认识。那咱们就来体验一下如何记住这个单词。这个单词的中文意思是“容量、容积”。

主持人：什么意思？

石伟华：比如，这个杯子的容量是500毫升，那个箱子的容积是30升。

主持人：哦。容量、容积，我也想起来了，好像以前背过。哈哈。

石燕妮：这个单词我记得特别清楚，“帽子里有个城市”。

主持人：什么帽子？什么城市？

石伟华：一会儿你就明白了。这个单词怎么记呢？我们传统的做法就是重复地读写。c–a–p–a–c–i–t–y、c–a–p–a–c–i–t–y、c–a–p–a–c–i–t–y，这样一遍遍重复，直到记住为止。可能需要写5遍，可能需要写10遍，甚至更多遍。

主持人：是的。大部分人都是这样记单词的，老师就这样教的。要是再高深一点的记法就是根据词根、词缀来记。

石伟华：那个是英语老师的事儿，我们做记忆法的真教不了那个。我们来看一种更简单的记法。我们把这个单词拆分开，cap + a + city，这样拆分以后，这个单词变成什么了？

主持人：帽子、一个、城市。哦，怪不得燕妮刚才说什么帽子、城市。

石伟华：是不是一下子就记住这个单词的拼写了？

主持人：是的，只要会写“帽子”和“城市”这两个单词，就能拼写出这个单词。

石伟华：这还不够，这只是能帮你记住它的拼写，我们还要想办法记住它的中文意思。怎么记呢？我们要把“帽子里一个城市”在大脑中具象化，就是要想象出在一个巨大的帽子里建设了一座城市的样子，越形象越好。像科幻大片也好，像神话故事也好，总之把一座城市装到一顶帽子里。为什么能把一座城市装进一顶帽子呢？因为这顶帽子的“容量、容积”非常大。

主持人：通过这样的联想就把它的中文意思也记住了。

石伟华：是的，只要大脑中能够想象出刚才的画面，那这个单词的中文意思和拼写就都能记住了。

主持人：确实记住了。下次再见到这个单词，我就能想起来了。

石伟华：那我们再来记个短的好不好？来看这个单词。

---

honorificabilitudinitatibus

石燕妮：这叫短的啊？！我哥太坏了。

主持人：哈哈哈哈。这是什么？这是一个单词吗？

石伟华：据说这个单词源自莎士比亚的一部作品，中文大概意思是“无上荣光”，也有人翻译为“不胜光荣”。当然，它是不是出自莎士比亚的作品我也没考证过。

主持人：好吧。我刚数了下，有27个字母。这是我有生以来见过的最长的英文单词了。

石燕妮：一会儿让我哥给你讲讲那个100个字母的。

主持人：还有100个字母的？那还叫单词吗？这样的单词是不是就相当于我们汉字中的“biangbiang面”的“biang”？

石燕妮：应该是吧！哈哈，估计日常生活中几乎用不到。

石伟华：咱们现在一块儿把这个“无上荣光”记下来好不好？

观众：好！

石伟华：首先，还是先把这个单词拆分成几部分。

hono-rifica-bilitu-dini-tati-bus

其次，根据发音把每一个小节谐音成汉语意思。

hono：好闹

rifica：日飞卡

bilitu：比例图

dini：地泥

tati：他踢

bus：大客车

最后，根据谐音出来的中文串联成一个故事（情景）。

hono：好闹，就是一堆人在看热闹

rifica：日飞卡，太阳上飞出来一张卡片

bilitu：比例图，像地图一样的有比例尺的图

dini：地泥，掉到地上沾满了泥

tati：他踢，他（比例图的主人）很生气地踢

bus：大客车，大客车（被上面的他踢了一脚）

主持人：这个确实很有意思。

石伟华：好。我们先来一起回忆一下刚才构建出来的场景。先是一堆人在围着看热闹（好闹）。看啥呢？看到从太阳上飞出来一张卡片（日飞卡），卡片越来越近，终于看清楚这是一张比例图。这张比例图不小心掉到地上沾满了泥（地泥），气得这个比例图的主人（他）狠狠地（踢）了一脚（大客车）。好了，现在大家闭上眼睛尝试着回忆一下这个故事。我们先不管单词怎么拼写，只回忆刚才构建的情景，试试能不能完整地回忆出来。

主持人：我没问题：好闹、日飞卡、比例图、地泥、他踢、大客车。

石伟华：完全正确。这时候就可以根据这些关键字来记单词的拼写了。其实只需要注意其中的几个字母，就可以默写出来了。一个是“好闹”并不是汉语拼音的“haonao”，两个字都没有字母“a”。另一个是日飞卡的“卡”是“ca”而不是“ka”。只要这两点记住了，后面的几个全是拼音和单词。

主持人：让我再在脑子里过一遍。

石伟华：在回忆的时候，只要能把刚才的故事场景回忆出来，默写出这个单词就没有问题了。大家现在可以尝试着默写一下这个27个字母的单词，试试看是不是已经记下来了。

主持人：1、2、3、4……正好27个。我默写出来了。哇，太不容易了。我们来看看现场的观众有多少默写出来的，27个字母全对的朋友举一下手吧！

石燕妮：几乎全默写出来了，你们太厉害了。

主持人：主要是你哥教得好。

［石伟华按：这个单词的记忆方法在网络上还流传另外一个版本：一只猴子（ho）站在头上挠（no）太阳（ri），五张纸（fi）擦（ca）鼻子（bi）。嘴里的梨（li）吐（tu）在地上（di），用手抓一把泥（ni）涂在高塔（ta）的梯子（ti）上。坐公交车（bus）了。可能还有其他的版本，但都是一样的**原理：分节、谐音转图、串联。**］

用记忆法背诵历史事件

主持人：我们问一下现场观众有什么问题。

观众L：我上学最不喜欢背的就是历史，但考试是躲不掉的。我想问问两位老师有没有什么好的方法帮我背历史呀？

主持人：一个中学生的问题，应该是初中生吧？请问你现在是几年级？

观众L：初二。

主持人：说实话我也不喜欢背那些枯燥的历史，特别是历史的年份啊、历史意义啊，感觉记多了容易混。

石伟华：我上学的时候也非常不喜欢历史。我记得特别清楚，上初中的时候，历史老师课前提问，好像是问三大战役。我站起来就答出两个，还把其中一个字的发音念错了。当时历史老师好一顿批评，从那以后我再也不喜欢学历史了。

主持人：是啊，有时候一旦兴趣没有了，很难学好一门课程。

石伟华：不过我到了35岁以后，开始慢慢喜欢历史了。特别是近几年新出的一些写作风格生活化的历史读物，我特别喜欢看。

石燕妮：你赶紧回答刚才小朋友的问题好不好？哈哈。

石伟华：好的。其实历史事件中年份的记忆本身就是世界脑力锦标赛的一个比赛项目。

主持人：这还是比赛项目？这怎么比啊？

石燕妮：这个项目就叫“虚拟历史事件”。就是假想了很多事件，然后给每个事件随便设定一个四位的年份，而且都是在1000—2099年之间的年份。5分钟的时间要记忆尽量多的虚拟事件对应的年份，最后把事件打乱顺序，把对应的年份默写出来。

主持人：为什么要用虚拟事件呢？

石伟华：因为每个人的知识面不一样，专业不一样，而且年龄也有差别，考真实的事件显然不公平，所以就统一用虚拟的年份。其实就是假造了200个左右从来没有发生过的事件，比如：1234年，一个农民抓住了20只兔子；5678年，一只兔子抓住了20个农民。

观众笑。

石燕妮：哪有5678年。

主持人：我懂了，哈哈。这个记忆有什么技巧吗？

石燕妮：这其实是10个比赛项目中最容易得分的项目，只需要把年份转换成数字编码的图像，然后和后面的事件做一个串联联想就可以了。

主持人：那就用刚才的“1234年，一只农民抓住了20只兔子”为例给大家说明一下吧。

石燕妮：好的。比如我的数字编码中，12就是一个婴儿，34就是绅士。所以这个事件在我大脑中就是，“一个农民领着一个婴儿提着20只兔子交给了一个绅士”，大概就是这样的一个场景。

主持人：哦。原来数字编码还可以这样用啊。

石燕妮：是的。在回忆的时候，我看到农民抓兔子，就在头脑中回忆当时的画面。农民抓住兔子时领着一个婴儿，就是12，最后把兔子都给了绅士，就是34，所以这个事件对应的年份就是1234年。

（石燕妮按：这是一种记忆方法，还有其他的记忆方法，但所有方法都离不开用数字编码来记忆。准备参赛的朋友如果想了解更多的记忆方法，可以与我联系。）

石伟华：历史事件的记忆难度并不大，但是对于竞技比赛来说关键是要快。如果1分钟时间才能构思出这样的一个场景，那肯定不能满足比赛的要求。

石燕妮：是的，想要得到高分，速度要非常快。5分钟最少要记40个事件，因为40个事件才能拿到320分，才不拖后腿。

主持人：哇，这也太快了，我1分钟也想象不出一个来。这个不仅仅要想象力好，对编码也要熟悉才行。

石燕妮：想象力也是可以训练出来的。

主持人：那问答题这种类型的知识点该如何记忆呢？

石伟华：对于问答题的记忆，我的建议只有一句话，**“先理解，后记忆”**。

主持人：这似乎是老师们一直在说的啊，而且大部分人也是这样做的。

石伟华：我说的理解可能要求更高一些，不但要读懂原文的意思，还要能用自己的话把原文的意思讲出来，而且能短能长。

主持人：能短能长是什么意思？

石燕妮：就是说一道题你可用20个字来讲，也可以用50个字来讲，还可以用200个字来讲。其实就是要真正、彻底、完全明白原文的意思。

石伟华：是的。这样做的目的只有一个，就是能够准确地提取出原文中最关键的几个字。这几个字就是答案的核心内容，也是在考试中批卷老师给分的重点。

主持人：这个确实很重要，但似乎不是记忆法解决的问题啊？

石伟华：接下来就是记忆法解决的问题了。我们要把提取出来的关键词语（我们把它们叫“关键字”）转换成图像，再和题目进行连接，就记住了。

主持人：听起来有点复杂，要不我们也找个例题吧！哪位观众脑子里有记熟的历史问答题，分享一下。

观众L：我来分享一个吧。

孝文帝改革推行汉化的措施有哪些？

答：在朝廷中必须使用汉语，禁用鲜卑语；官员及家属必须穿戴汉族服饰；将鲜卑族的姓氏改为汉族姓氏，把皇族由姓拓跋改为姓元；鼓励鲜卑贵族与汉族贵族联姻；采用汉族的官制、律令；学习汉族的礼法，尊崇孔子。

主持人：这个题目我上学的时候好像也背过。

石伟华：大家都背过。我们来看这个题目，要充分理解原文的意思。原文一共讲了几层意思呢？

石燕妮：我怎么感觉像在上语文课。

主持人：历史课！历史课！

石伟华：我长话短说。其实把原文的意思总结一下，主要就是6点，分别是**“说汉语、穿汉服、改汉姓、与汉族通婚、使用汉族官制、学习汉族的礼法”**。

主持人：是的，就这6点。

石伟华：那我们把这6点转换成6个图像。第一个说汉语是什么图像？

主持人：嘴巴？

石伟华：这个不是很合适，不一定能想起是汉语。有些人看到嘴巴可能想到吃。

观众笑。

石伟华：我觉得最有代表性的图像是话筒，因为可以想象拿话筒的都是主持人嘛，主持人都得说标准的汉语吧。

石燕妮：那可不一定，广东的主持人还说粤语呢！

石伟华：别抬杠，领会精神！

主持人：对对对！领会精神。

石伟华：由改汉姓想到什么呢？我觉得用身份证比较好。与汉族通婚，就用婚纱。

主持人：用结婚证不可以吗？

石伟华：不太好。因为结婚证在脑子里的图像和毕业证、房产证、获奖证书等没有太大区别，时间长了不能保证还能想起是结婚证，但是婚纱这东西看到就能想起是和结婚有关系。

主持人：有道理。

石伟华：使用汉族的官制、律令，我们可以用古代的一顶官帽，就是两边是乌纱那种。最后一个学习汉族的礼法，我想到的是用一个红包。为啥用红包呢？因为汉族人过年的时候喜欢给别人送红包，特别是给孩子们压岁钱。我不知道其他的民族有没有这习惯，我只是觉得这个比较能代表“礼法”这个词。

主持人：好像6个关键点全了吧？

石伟华：是的。现在我们先回忆一下，6件物品代表的6个知识点。话筒代表什么？汉语。其次是汉服。身份证代表汉姓，婚纱代表通婚，乌纱帽代表官制、律令，红包代表礼法。非常好！

主持人：但是我怎么把这6样东西记住呢？忘了一个两个的怎么办？

石伟华：对，这个是关键。所以，我们这里就要用到前面提到的定桩法了。我们可以把这6样东西和孝文帝改革联系起来。我们从书上或者网络上找一张孝文帝的图片，然后想象把这6样东西都放到孝文帝身上。

主持人：那怎么放？也像前面记十二星座一样吗？

石伟华：可以更简单一些，大家一起来构思一个画面。孝文帝头顶乌纱帽，嘴里咬着一张身份证，上身穿着汉服，下身穿着婚纱，左手拿话筒，右手举着红包。大家一起来回忆一下。

主持人：哈哈哈哈，这形象太另类了。乌纱帽、身份证、汉服、婚纱、话筒、红包，没问题了。

石伟华：那再试着把6项措施说出来。

主持人：一是……这个可以不按顺序，对吧？一是推行汉族的官制、律令；二是要求改用汉姓；三是要求改穿汉服；四是与汉族联姻通婚；五是推行汉语，禁用鲜卑语；六是学习汉族的礼法，尊崇孔子。

石伟华：不错。如果考试回答到这个程度，基本可以拿到满分了。

主持人：这种方法确实不错。

石燕妮：我有件事比较好奇，特别想尝试一下。

主持人：你请说。

石燕妮：我特别想让工作人员把刚才的6样东西拿来，让我哥给大家扮演一下孝文帝。

观众笑。

用记忆法背诵法律、医学等专业知识

主持人：我们有请下排的那位帅哥，我见他举手好几次了。

观众M：谢谢主持人。两位老师好！我是一位学中医的大学生，现在准备跨专业考法律专业的研究生。我想请教两位老师，专业课程的记忆上有什么好的技巧和方法？谢谢！

主持人：从医学类跨到法律类，你这魄力也很大啊！

石燕妮：我觉得也是，我感觉敢跨专业考研的都是牛人。

石伟华：其实这几年跨专业考研的人越来越多，这也说明现在的大学生学习能力越来越强了。跨专业考研意味着什么？意味着你要用业余的时间把别人4年所学的专业知识补回来。

主持人：是的。相当于同样是4年时间，你得学完2个专业。

石伟华：其实刚才这位朋友说的这2个专业，都有很多的知识点属于文科类知识点，就是要背诵的内容。唉，我能问问你为什么要跨到法律专业？学中医多好啊！

观众M：因为我们家是中医世家，所以我在家就能学，而法律是我一直非常喜欢的专业。

主持人：哇。怪不得，我刚才也奇怪。

石伟华：其实中医也好，法律也好，确实有很多需要记的内容，而且这些内容还有个特点，相似度很高。我曾经辅导过考中西医医师资格证的学员，那本三百多页的中医教材需要记的内容太多了。看上去很多内容都是重复的，实际上并不一样。

主持人：中医里面是不是有很多像“阴虚、阳虚、气虚、血虚”这样的词语？

石伟华：这个我也不懂，这得问刚才的那位观众朋友。哈哈哈哈。

主持人：你不懂怎么辅导别人？

石伟华：我只是给他一种记忆的方法，至于记下来怎么用，这个还得他们自己解决。

主持人：哇！这个也很厉害啊，那你也可以去考个资格证了？

石伟华：这个还真考不了。并不是记下来就能考过，还需要一些推理应用的知识，这个真不是短时间内能学会的。

主持人：哦。那正好分享一下记忆的秘诀吧，包括刚才的观众朋友提问的法律知识应该如何记。

石燕妮：是啊，我记得法律中全是什么“债务人、债权人、这个人、那个人”，看多了头都大。

石伟华：是的，专业知识在记忆过程中也会有一些高频词反复出现，这时候我们就可以采用一种方法来解决，就是前面我们已经介绍过的“编码法”。

主持人：前面说过吗？我怎么不记得了？

石燕妮：前面我们只说数字编码。

石伟华：数字编码只是编码的一种，我们还聊过扑克编码的方法啊。其实在实际应用的记忆法中还有很多编码，比较通用的有英文单词的编码。单词编码就是把单词中经常出现的一些组合，比如“ag”，我们可以谐音成“阿哥”，“s”我们可以想象成“美女”，这就是一种编码的方法。

主持人：单词还有这样的拆分记忆呀，原来你还藏了好多宝贝没有给我们展示出来。

石伟华：哈哈。我想表达的意思是，对于像医学、法律、建筑、会计等这类非常专业的知识，我们也可以利用这种编码方法来解决记忆的问题。比如医学类，我们把最常用的一些词语都统一转化成图像编码。比如中医中的气虚、血虚等常用词语，可以按谐音法或者形象出图的方法转换成固定的图像。包括记中药的药方，我们可以把常用的几十种药材也统一转换成生动形象的图像。

主持人：我有点明白了。每一种药材就相当于一张扑克牌，每个药方就相当于按不同的要求整理出来的一副扑克牌。用10种药材就是10张扑克，用30种药材就是30张扑克。我们只要把这些扑克记下来就可以了。

石燕妮：这个我能行，如果不限时间的话，我能记下几百副，前提是谁帮我把药方的图像编码做出来？

石伟华：所以，这就需要自己来解决了。因为外行人不懂专业，比如你让我帮你设计法律专业词汇的编码，我也能设计，但是设计出来肯定有很多的弊端，不如懂专业的人设计得科学、合理。

主持人：对，这还是懂了专业再来设计更好。

石伟华：另一方面，任何的专业知识都有一个体系。我还是建议学习的同时，用思维导图把课程的体系整理出来。体系就是大的知识框架、不同的知识点之间的关系、重点与难点、前导知识和外展的知识等。如果大脑中有一个清晰的知识体系，学习起来就会更为得心应手。

主持人：这是伟华老师第二次提到思维导图这个工具了。

石燕妮：思维导图确实是个很好用的工具。我自己本身也认证了思维导图培训管理师，而且近几年我发现越来越多的记忆大师都在学思维导图。

主持人：这是什么原因呢？

石伟华：其实原因很简单。思维导图的发起人和世界脑力锦标赛的发起人都是托尼·博赞先生。

主持人：哦！原来如此。

比记忆法更底层的思维工具

主持人：哪位观众还有问题？

观众N：我想请教一下两位老师，对于非记忆类的学科，像数学、物理，特别是大学中的计算机程序、电子等理科、工科知识，有什么好的学习方法吗？

主持人：对理工科知识的学习有什么好的办法？ 这个刚才咱们聊到过，记忆法对这类学科的帮助不是很大，不知道两位老师有没有什么其他的方法帮助学习这类学科呢？

石伟华：我个人建议，最好的方法就是先把知识点理解透，然后再做练习。另外可以借助一下思维导图工具来梳理知识点，帮助理解和记忆。

石燕妮：是的，思维导图对学习理工类知识还是比较有帮助的。

主持人：思维导图现在也是比较流行的一门技术，两位老师能给大家简单介绍一下吗？

石伟华：这个我怕一讲几个小时的时间又没了，我只能简单地总结一句，“思维导图是一个可以帮助大脑来进行思考的图形化思维工具”。

主持人：这个像是教科书上的定义，哈哈，能不能讲得通俗点呢？

石燕妮：简单说就是可以通过画思维导图的过程，把一些复杂而且有关联的知识点联系起来，让大脑对这些知识点理解得更透彻，印象更加深刻。

（石伟华按：由于篇幅所限，有关思维导图的更多知识和用法，请大家参考我的另一本书《思维导图：快速提升学习力的75个基本》。）

主持人：这样听起来似乎要好懂很多，但是具体怎么用呢？

石伟华：具体怎么用，这个说起来就话长了，太长了。不过我倒是有个不需要学习就能起效的方法，不知道大家有没有兴趣？

观众：有。

石伟华：其实这个方法也很简单，就是**你什么不会就讲什么，什么记不住就讲什么。**

主持人：自己一知半解的时候怎么讲？

石伟华：这就是神奇的地方。你对哪一个知识点学得不是特别明白，就找个更不明白、还不如你的人给他讲一遍。

主持人：自己还没完全搞清楚，别人能听懂吗？

石伟华：你管他听不听得懂，你只管讲你的，讲完你就痛快了。他听不懂更好，你就再讲一遍。如果你能在不同的时间段讲上10遍，保证你不但能理解透彻，而且再也不会忘了。

主持人：哈哈，这个我信，讲10遍肯定记住了。不过这不是误人子弟嘛？

石燕妮：我哥刚开始学记忆法的时候就是这么给我讲的。现在想想，当时给我讲的那真是错误连篇。哈哈。

主持人：那你还能成为记忆大师？

石燕妮：后来他再讲我不听了，改成我给别人讲了。

主持人：换成你去误人子弟了？

石燕妮：没有。我还是比较有责任心的，我用的是另一种更好的方法，万一讲错了也不会误导别人。

主持人：是什么？

石伟华：对着摄像头，一边录一边讲。

主持人：哈哈哈哈。这个方法高！

第五章
心态致胜

CHAPTER 5

- 信念决定成败
- 缺乏动力时，学会借力
- 着眼具体目标，降低期待

主持人：听两位老师讲了这么多，我们最大的感悟就是记忆大师曾经也都是像我们这样的普通人，只是付出了比常人多得多的努力。

石燕妮：其实成为记忆大师以后也是普通人，只是比普通人多了一项能力而已。

石伟华：我感觉成为记忆大师的过程对一个人心理上的各种锤炼可能比记忆大师的能力本身更珍贵。

主持人：为什么这么讲?

石伟华：因为我认识的很多记忆大师，身上都有一个共同的特点，就是一旦他们能够过了这一关，拿到“记忆大师”称号，那他们在各方面的学习能力都会飞快地提高。

石燕妮：其实更多的还是学习习惯的改变和学习心态的改变。经过这一关后，再学任何知识都不再觉得难了。

主持人：哇！这应该是最成功的人生状态了吧？！

石燕妮：对，所以我也经常对自己说，世界记忆大师都搞定了，还有什么不能搞定的，时刻记得我当时为了能成为世界记忆大师而全力以赴的状态。

信念决定成败

主持人：回首这一路走来的经历，你觉得最关键的是什么？

石燕妮：我觉得最主要的应该算是**坚持和心态**吧！

石伟华：我觉得用另外两个字来描述可能更贴切，叫“信念”。

主持人：这个怎么理解？

石伟华：其实就是我们平常所说的“不达目标决不罢休”的那股子劲儿。当然“坚持”也对，只是我个人对坚持有另一种理解。记得有人曾经说过这样的话，我感觉特别有道理，叫“我哪懂什么坚持，明明就是在死撑”。

主持人：能不能撑得下去，全靠你说的“信念”？

石伟华：其实做任何一件事情，最重要的还是我刚才说的“信念”这两个字。什么意思呢？所谓的信念就是你到底在多大程度上相信你做的这件事情是正确的，并且你是否真的相信自己能做好这件事。

石燕妮：我哥说的这点很对。特别是在训练过程中，怎么训练也找不到感觉，怎么努力也没法提高的时候，最容易出现的想法是怀疑自己“是不是真的不适合这项训练啊？”这种想法一旦出现，就会成为逃避的借口，就容易形成一种连锁反应。

主持人：是不是因为看不到进步就怀疑自己不适合，越怀疑就越不想努力，越不努力就越没有进步？

石燕妮：是的，这样就形成了恶性循环。如果自己短时间不能改变这种心理状态，或者没有人帮你从这种状态里走出来，那最后的结果基本上就是慢慢地放弃训练。

石伟华：对于所有人来说，坚持做一件自己想放弃的事情其实是非常非常难的，但是放弃做一件自己在坚持的事情却容易得多。

石燕妮：所以，在很多时候，我都会问自己："石燕妮，这件事真的是你一定要做成的吗？如果做不成你会怎样？"等我问了自己很多遍以后，我就慢慢明白我必须做成。因为我是把原来的工作直接辞掉才来参加记忆大师的训练的，如果我不能最终拿到记忆大师的资格，就意味着我不但浪费了这么多的学费和接近一年的宝贵时间，更重要的是我必须重新去找工作，重新去适应新的工作，重新想办法让自己活下去。

主持人：看来你当年也是破釜沉舟了。

石燕妮：是的，我也在我的笔记本上写了一句话：**"破釜沉舟，冲冲冲。"**不过大家不要误会，我不是说每个想成为世界大师的人都必须先辞职。

石伟华：但事实证明，如果先辞职后训练，成功的概率就会提高很多。

观众笑。

主持人：其实这个观点我是比较能理解的。因为人在有退路的时候，做事总觉得即使我做不好也无所谓，实在不行我就重新回到原来的生活状态中，继续原来的生活模式就好了；万一做成了，我就捡一大便宜。

石燕妮：但是如果像我一样，顶着家人的压力把原来的工作辞掉，就完全不一样了。如果我空手而归，就必须啃老一段时间，直到自己找到合适的工作。我觉得到了我这个年龄再向父母要钱，实在张不开口。

主持人：所以你是没有退路的，只能拼尽全力去把它做成。

石燕妮：是的。当然大家可能会有一个误会，是不是成了记忆大师就意味着能有衣食无忧的生活了？其实不是这样的。

石伟华：现在来讲，国内的记忆大师越来越多，这个头衔没有以前值钱了。但是燕妮拿到记忆大师的那个时间段，不管是自己做培训也好，还是到别人的培训机构去做讲师也好，还是很容易有一份不错的收入的。

主持人：当年一般的记忆大师的月收入能有多少呢？

石伟华：这个你得问燕妮，因为她的工资从来不交给我，哈哈哈哈。

石燕妮：反正没你收入高，你好意思要我的工资。哈哈。

主持人：好吧，我不问了，看来两个人都不想透露。刚才我们谈到“信念”，那如果，我只是假设，如果我并不是为了以后的工作或者收入去训练，而完全是为了挑战自己去训练，那应该怎样去更好地树立和坚定自己的信念呢？

石伟华：那至少可以证明，你现在的收入已经远远超过记忆大师的收入水平了。

观众笑。

石伟华：其实这个信念肯定不仅仅是收入，否则我们也活得太累了。能赚钱的方式太多了，何况通过考取记忆大师来赚钱的方式真的不是一种很轻松的选择。我的理解是，不管为什么，肯定有一个能刺激自己或者能满足自己的点。比如，有些人就是纯爱好，但是喜欢把自己的爱好做到极致；有些人就是有表演欲望，他考取记忆大师的唯一目的就是能时不时地在别人面前炫耀一下。但不管哪种，都是为了满足自己内心的一种需要。要么是成就感，要么是虚荣心，要么是现实的工作，要么只是为了赌一口气。

主持人：如果是我，可能最能刺激我的还是虚荣心，我属于表演型人格。

石伟华：我也是表演型人格，但我为什么就没能坚持训练到成为记忆大师的那一天呢？因为我后来发现，表演魔术给别人带来的惊讶、神奇以及别人对我的佩服、仰慕程度要远远超过记忆大师的那些表演。

石燕妮：又开始吹你的魔术。

石伟华：不是吹。我要表达的意思是我对成为魔术师的信念远远超过了成为记忆大师的信念，所以我后来在魔术表演上的收获和成长也远远超过了记忆表演方面。

主持人：看来伟华老师在魔术方面确实是很专业啊！

石伟华：还好吧！哈哈哈哈，是不是没见过像我这样一点也不谦虚的？没关系，我们下期的《天才对话》就专门来聊魔术这个话题。

主持人：好啊，就这么定了，哈哈。

缺乏动力时，学会借力

主持人：其实不管是我们刚才说的信念也好、坚持也好、死撑也好，这些词语说起来很容易，但我知道，真正到做起来的时候，却真的是太难了。

石燕妮：是的，我现在都不敢相信自己能坚持下来，因为我毕竟不是天赋很好、一学就会、一练就会的那种人。有时候想想，能坚持到最后，自己也会被自己感动。

主持人：那在无数次想放弃的时候，除了你哥伟华老师刚才说的想办法坚定自己的信念之外，有没有什么其他的方法能帮助自己走出低谷呢？因为毕竟信念这东西太缥缈了，很多人不知道如何去落地实施。

石伟华：这个我来说吧。终于有我最擅长的话题了，哈哈哈哈。

观众笑。

石伟华：其实我分享一点就够了，叫“团队的力量”。大家不是经常听这样一句话吗？

一个人可以走得很快，但是一群人可以走得很远！

主持人：这也是记忆大师训练基地存在的意义吧？

石燕妮：之所以要一群人一起训练，不仅是因为团队里有专业的指导教练、有志同道合的伙伴，更多的还是因为团队能带给每一个人正能量。

石伟华：这个太重要了。我举个例子，如果你一个人训练，不管你在家训练也好、在办公室训练也好，你总不能一直把自己关一个小屋子里偷偷地练吧？总有让别人发现你在训练的时候吧？

主持人：这有什么啊？我做的事又不违法，又不会打扰到别人？

石伟华：可事实并不是这样。因为我们身边总有那么一些负能量满满的人，总会有那种看不懂别人学习和成长的人。你在努力地、认真地、专注地拿着圆周率练编码，这时候有人走过来看了一眼，很好奇地问：“你这是干吗呢？”你怎么回答？“我背圆周率”，还是“我在做记忆大师的训练”？

主持人：这两种回答都没问题啊！

石伟华：你要回答背圆周率，有些人就会说：“你吃多了，背这个干啥？”

观众笑。

石伟华：你要回答“我训练呢，准备考记忆大师”，有些人就会阴阳怪气地说“唉哟哟哟哟……”，言外之意：“就你，也不自己照照镜子，是不是那块料？”

观众大笑。

主持人：现实中还确实有这样的人，不过我们可以完全不理会他们。

石伟华：是的，表面上我们可以不理，但只要听到了、看到了别人这样的反应，就会对我们的自信心产生影响，时间长了，特别是在你怎么练也没有感觉的时候，你也就慢慢相信了自己可能“真的不是那块料”。

主持人：所以必须到训练基地，远离这样的人对吗？

石燕妮：其实也不是非要到训练基地，而是一定要找到一群人一起训练。因为大家都是在训练记忆大师，不管你练得多烂，至少没人会说你“没事练这个干啥？”，大家更多的是相互鼓励、相互肯定、相互赞美，在这样的环境中自信心就会越来越强。

主持人：看来氛围很重要。

石伟华：所以，如果一个人在家、在办公室、在学校练，经常是练着练着就放弃了。像我就是，记一副牌前前后后练了两年半。我不是真像燕妮那样练了两年半，要真那样我早就是世界冠军了。哈哈。我的意思是我这两年半是练个十天半个月就被人打击得放弃了，然后再过段时间还是不死心，又重新开始；然后又放弃，又开始。效率特别低，根本就很难坚持训练超过一个月的时间。

主持人：那你当时为什么不加入一个团队呢？

石伟华：一是当时还没有这么多训练团队；二是当时对自己太自信了，总以为靠自学啥都能学会。现在想来其实是走了很多弯路，所以燕妮想去训练的时候，我强烈建议她全职去训练。

石燕妮：其实在团队中训练还有个好处，就是能从队友身上发现别人的优点和自己的缺点。另外，当有人和你相互比拼学习训练的时候，就不那么枯燥了，进步会特别快。

主持人：就相当于训练跑步，有点你追我赶的意思。

石燕妮：是的。我当年的一个训练搭档，我们一起吃、一起住、一起训练，做什么都在一起，她在那段时间对我起到了很大的激励作用。

主持人：这就相当于当年一起作战的亲密战友了。

石燕妮：是的。我也借这个机会表达一下对她的那份感激。她叫翟清华，也是一位记忆大师。

主持人：是和你同一年取得的吗？

石燕妮：是的，同一年。如果没有她的帮助和陪伴，可能我真的就放弃了。刚开始那段时间，我根本静不下心来训练，陷入了一个误区，就是每天都在思考“我的问题到底出在哪里”。我常常坐那儿发呆，思考，而不是训练。有一天就在我侧着脑袋继续走神思考的时候，突然发现清华在那儿特别认真地一张一张地搓牌。那时候我也不知道怎么着，就是被她的这种认真劲儿给震撼了。看她那么认真地训练，当天我就做了一个计划。

主持人：什么样的计划呢？

石燕妮：那天训练结束后，我就找到清华商量，和她一起制订了一个我们两人的训练计划。从第二天起，我们两人开始一起作战，相互监督，相互检查，一起比拼，一起成长。当任何一个人有偷懒的想法时，另一个会及时出来制止。

石伟华：应该大概率都是你想偷懒吧？

石燕妮：哈哈哈哈，是的。每次想偷懒的时候，稍一扭头就会看到清华在认真地训练，我自己也就不好意思再偷懒了。

主持人：她就没有想偷懒的时候吗？

石燕妮：几乎没有。清华是一个非常努力认真的人，我训练一会儿累了，就会出去喝喝水、上上厕所，但是清华为了少上厕所，多一些时间训练，一天到晚都不喝水。所以我才说：“非常感谢翟清华老师在我成为记忆大师的过程中对我的陪伴和关爱！谢谢！”

记忆大师翟清华与石燕妮合影

主持人：她也算是你生命中的贵人了。

石燕妮：是的，对于我这样的从小自制力特别差、行动又特别慢的人来说，能有幸加入那么优秀的一个团队，应该说是我能坚持到最后的最重要因素吧。

石伟华：一群人的力量永远比一个人的力量要大得多。

着眼具体目标，降低期待

主持人：刚才燕妮提到，即使成为记忆大师，也并不意味着人生就此一片光明，只能证明在这个领域是比较成功的。同样，想要应对这个千变万化的世界，记忆能力只是其中的一种。那两位老师觉得，大家对大脑的记忆能力还有哪些错误的认识或者说误解呢？

石伟华：关于对记忆大师的收入的误解我就不说了。

观众笑。

石燕妮：这个没啥好误解的，反正我现在说我一年赚一个亿你们也不信。

观众大笑。

石燕妮：我觉得比较普遍的一个误解就是记忆大师都有过目不忘的能力，什么事情都能记得特别清楚。

主持人：是啊，我也很好奇，你们的脑容量到底有多大？

石燕妮：过目不忘是不可能的。要不然我们每天看到、听到、感受到那么多的东西，脑袋非爆炸不可。记忆大师的记忆是刻意记忆，就是要有意识地去记才能记住。如果不是有意识地去记，我们和大家是一样的。

主持人：也会经常想不起一个很熟悉的人的名字？

石燕妮：何止啊！我也是三天两头地忘了带钥匙、手机。我哥就经常嘲笑我："你还记忆大师呢？天天丢三落四的！"

石伟华：这是真事，哈哈。其实我觉得大家对"记忆"这件事最大的误区是"记忆大师的记忆力特别好"。其实记忆大师并不是记忆力好，而是记忆方法好。

主持人：记忆方法好，记忆力不就好了吗？

石伟华：其实人的记忆力更多是天生的，后天训练的更多是记忆方法。方法能让我们的记忆效率提高，记忆质量提高，但方法本身不能提高我们的记忆力。记忆力是什么，我的理解是不用任何方法自然能够记忆信息的能力。这个我感觉人与人之间的差距不大，除非有些人天生有超忆症或者健忘症。

主持人：这个观点我还真是第一次听说，不过似乎很有道理。

石伟华：就像刚才燕妮说的经常忘钥匙这种事。你觉得这和一个人的记忆力有关系吗？如果我告诉你“出门别忘了带上钥匙啊！要是忘了，出门就把你枪毙了”，你觉得你还会忘带钥匙吗？

观众笑。

石伟华：我们记不住的原因就是“记不住的后果我能承担得起”。包括我经常听到有些家长朋友跟我抱怨“我家孩子记忆力不好”，其实根本就是家长的误区。你家孩子不是记忆力不好，只是对学习上的知识记忆力不好，他对各种游戏角色、攻略等记得清楚着呢！

主持人：哈哈哈哈，确实是这样。

石伟华：我印象特别深，上学时我们班一位同学，有一个学期考试6门课有5门挂科。他在复习的时候看哪门课都头疼，天天冲我们抱怨啥也记不住，羡慕其他同学为什么记忆力这么好。可每次世界杯的时候，他能把好几百个球员的名字、球衣号码、在哪个队服役、在哪场比赛中踢过哪些漂亮的进球等一堆东西记得清清楚楚。你说他记忆力不好？

主持人：就是不想记而已。

石伟华：太对了。所以我也经常跟一些家长讲：“不要总说孩子记忆力不好，这只不过是孩子不想学习的一个借口而已。”其实我更想说的不是这句，但我当着家长的面实在不好意思说，不过今天我可以说出来，因为毕竟不是针对某个人的。

主持人：没关系，就当我是家长。

石伟华：其实这些家长总说自己的孩子记忆力不好，只是为了给自己的孩子学习成绩不好找个借口，让自己脸上更有面子而已。或者说是为自己没有把孩子培养好找个客观的理由罢了。

主持人：确实有道理，没想到伟华老师还是亲子关系方面的专家！

石燕妮：我每次学东西学不好找理由的时候，我哥只有一句话：“不想学就明说，别找理由！”

主持人：哈哈哈哈。太直接了。

石燕妮：不过也应该感谢我哥，让我没有理由拒绝，真的逼着自己学会了很多东西。

主持人：说到这儿，我还有个问题。你刚才说记忆大师的记忆是刻意记忆，那像学习知识这种应该算是刻意记忆了吧？是不是记住了就永远不会忘了呢？

石伟华：这也是不可能的。人的大脑会遗忘是正常的现象，这与你采用什么方法记没有关系。比如这里有10位数字，你是死记硬背记下来的，还是用记忆大师的数字编码加定桩法记下来的，都会忘。

主持人：那如果不是为了竞技比赛或者表演，为什么还要学这种方法？

石伟华：因为这种方法比死记硬背的方法记得更快，忘得更慢。比如同样记一篇200字的古文，你30分钟记完，第二天可能忘一半；如果用图像法来记，可能15分钟就能记完，第二天还能回忆出80%。这就是区别。

主持人：那有没有什么方法可以做到不忘呢？咱不说终身不忘，至少能记个几年时间不忘。

石燕妮：有啊！就是严格按照艾宾浩斯遗忘曲线去复习。

主持人：要复习多少遍呢？

石伟华：按照艾宾浩斯遗忘曲线的要求，复习7遍，就可以做到长时间不忘了。但我个人感觉，要看什么类型的材料，还有就是对记忆要达到什么要求。比如我们记的是别人的手机号、英文单词、文言文，还是一个励志故事，都是有很大区别的。比如你要记一个人的手机号，其实很简单，就是别把他的号码保存到手机的电话本里，而是抄到一张纸上，每天早上起来都用手机给他拨打一个电话“早上好啊！”，每天晚上睡觉前再打一个“晚安啊！”保证用不了几天时间，你想忘也忘不掉了。

观众笑。

石伟华：任何信息只要重复到一定的次数自然就能记住。我印象很深，初中时学的一篇英文课文“One day，a little monkey was playing in a tall tree ...”，这都过去快30年了，我仍然能一字不落地背出来。为什么？就是重复到了一定次数了。

主持人：但这根本用不上记忆法啊？

石伟华：所以，我一直的观点就是“记忆法是帮助记住那些按传统方法很难记住的东西”，学习记忆法的根本目的是节约记忆时间。

主持人：换个说法是不是：同样的时间内，用记忆法可以记更多遍。

石伟华：太对了。但是不管记忆法用得多么熟练，世界上永远不会有过目不忘的技术。

主持人：是的，想要学习，就必须踏踏实实地、一步一个脚印地去学。记忆法只是加速器，但它永远不可能代替学习。

第六章
记忆表演的门道

CHAPTER 6

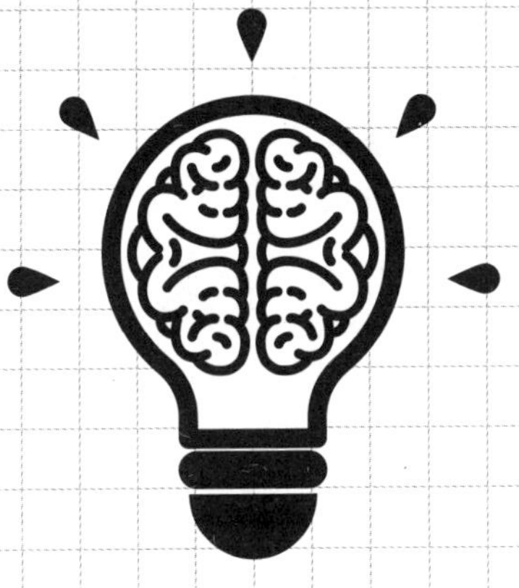

- 会表演不一定会比赛
- 策划一个记忆术表演
- 你需要一个表演搭档
- 让你的表演与众不同

主持人：我们知道燕妮老师在很多电视节目中表演过记忆术，每个节目都让观众感觉真是记忆力超人，我们特别想知道这些绝活是不是真的？

石燕妮：是真的，也不是真的。

主持人：哈哈。这话怎么理解？

石燕妮：因为做记忆表演和参加记忆力比赛还是有很大区别的。

会表演不一定会比赛

主持人：能不能给我们分享一下，参加比赛和上电视节目表演有什么区别？

石燕妮：好的。其实最大的一个区别就是规则不一样。比赛的规则是面向大众设置的，就是说所有参赛的选手都遵守一样的规则，而且可能很多年不会变。我们每个参加比赛的选手必须按照这个规则的要求去训练，才能在比赛中拿到一个好成绩。

主持人：那表演呢？

石燕妮：表演就没有比赛这么严谨了。特别是电视节目中的表演，一般是节目组和选手共同商量一个规则，有时候节目组还会根据这个选手的特点和擅长的内容来专门设计一个表演项目，制订适合这个选手的规则 。

主持人：这个能理解 ，毕竟我们还是希望做出来的节目大家喜欢看。

石燕妮：所以比赛更严谨，而表演相对要自由。

石伟华：虽然说表演自由，但是表演也是有风险的。

主持人：风险？什么风险？

石伟华：表演其实也有两种。一种是电视节目表演，录播的那种；另一种是现场表演。很明显录播的就自由一些，不是有句名言嘛，“这轱辘掐了别播。”

观众笑。

石伟华：其实最难的还是现场表演。特别是在一些非正式场合，现场环境可能比较乱，有时候观众还可能特别吵闹，甚至还有人不配合故意起哄。这种情况下的表演是最难的。

石燕妮：是的。这种表演确实很难，因为一旦表演失败就是特别丢人的一件事。很多的时候不光是丢人、没面子，还会令现场观众对你所谓的记忆大师能力产生怀疑。如果是为别人做宣传，就有可能会起到相反的效果。

主持人：现场表演确实需要很好的功底啊！

石伟华：对啊。比赛的时候失误，哪怕是世锦赛的决赛现场失误，可能只有自己和裁判两个人知道，最坏的结果就是拿不到好的名次，或者拿不到记忆大师的资格。大不了比赛完了别人问起来成绩如何，可以回答“一般般”，反正最后只公布成绩好的选手名单，没有我的名字很正常，反正我说了“一般般”。万一有我的名字，那就是撞大运了，还显得咱谦虚。

观众笑。

石伟华：可现场表演就不一样了，下面有好几十甚至好几百、好几千观众看着呢，这要表演失败了，真是下不了台。那时候找地缝钻都找不到，真是无地自容！

主持人：但是一旦表演成功了也不一样啊。

石伟华：是的。比赛的话，除非能拿到冠军、亚军这样很好的名次，否则没人知道你是谁。但表演只要成功，下面好几千观众掌声雷动啊！那真是掌声、欢呼声、口哨声不绝于耳啊！

策划一个记忆术表演

主持人：能在大众面前表演 ，特别是在上百、上千人的场合，能在舞台上表演确实是件很光彩的事。但是我想这个除了自己的实力外，还需要很好地设计表演的内容。不知道这方面两位能不能给透露一些秘密或者说是窍门？

石伟华：这个也不是不能说，我是怕说了之后，大家都知道了，以后记忆大师们再表演就会越来越难了。

主持人：可以稍微透露一些，毕竟我们还是要保护别人的利益嘛。

石燕妮：是的。这里面确实有很多的方法，特别是在策划表演项目的时候有很多的技巧在里面。简单地讲，每一个表演项目在设计的时候希望让观众觉得特别厉害。所以，很多表演项目对于记忆大师来说并不是最难的，但一定要让观众觉得特别难。

主持人：比如说呢？什么样的项目？

石燕妮：比如现场表演记指纹、记剪影等。

石伟华：我举个更有代表性的例子吧，比如记二维码这个项目听说过吧？

主持人：我看过。那么多的二维码，一下子就能分辨出，这对普通人来说简直是不可思议的事。不夸张地说，他们识别的速度几乎比拿手机扫一扫还要快。

石伟华：但是对于记忆大师来说，这个项目太简单了。甚至只要学过记忆法，稍做过一些训练的人，都可以表演这个项目。

主持人：不会吧？

石燕妮：其实不管是什么看上去复杂的内容，图片也好，人脸也好，二维码也好，钥匙也好，在记忆大师的脑子里记住的都是一串数字。如果用数字配合一些想象，就很容易记住。

主持人：接下来能不能给我们分享一下，如果我自己训练一段时间以后，想自己策划一个表演项目，应该如何策划更好？

石燕妮：这个主要还是看自己更适合哪个方面。有些人擅长记数字，有些人擅长记词语，有些人擅长记不规则的图形。要先知道自己最擅长记哪种，再来策划表演项目。

主持人：比如我比较擅长记数字，哈哈，说得好像我真的擅长记数字一样。那如何策划一个记数字的表演项目呢？

石燕妮：数字记忆的表演常见的有几种。一种是现场找10位观众，每人随意写10位数字，就是100位，然后表演者现场记下来，可以做到正背、倒背、抽背、跳背。

主持人：这种我看过，虽然也很厉害，但似乎见多了就显得不那么震撼了。

石伟华：但是如果把这个节目稍微做一下变形，就又能震撼到你了。

主持人：是吗？怎么变形呢？

石伟华：让观众随意写出100位数字后，让工作人员抄一份下来，然后随机从观众中挑出三五位爱好者拉到外面去密训。一会儿让这几位参加密训的观众给其他的观众表演正背、倒背。

主持人：哇！这个可以做到吗？就一会儿的时间？

石伟华：这个对密训教练的要求很高，适合做招生推广。“你看我们的教练多厉害，几分钟就把大家培养成记忆大师了！”

主持人：要真能做到也确实厉害。

石燕妮：其实数字除了表演这种之外，还可以表演记手机号、身份证号等内容。比如记手机号，找10个观众上来，依次报出自己的手机号，每个观众只报2遍，记忆大师现场记忆。然后让其他的观众任意指定台上的观众，记忆大师现场用自己的手机拨打观众的手机。如果观众的手机响了，就证明所记的手机号是正确的。

石伟华：不过这样做有一个风险。

主持人：怎么又有风险？

石伟华：这个如果记错了，拨打一个空号还好，要是拨到场外陌生人的手机上，可能会被骂一通。

主持人：那想办法别记错啊，你们忘了我擅长记忆数字啊！哈哈。

石燕妮：记对了也有风险。一旦打通，就等于把自己的手机号暴露给观众了，以后可能会有人不停地骚扰。哈哈哈哈。

石伟华：哈哈。其实可以用来表演的项目真的很多，只要把握几个原则：**一是尽可能减少失误；二是在不增加表演者记忆难度的情况下尽可能**

让节目变得复杂；三是尽量让节目看上去更好玩、更有趣。

石燕妮：还有一点很重要。就是一定要让观众现场参与到表演中，而不是表演自己事先记住的内容。

石伟华：是的。还有一点，表演过程中，配合很重要。如果全场只有记忆大师一个人来表演，难度就会增加很多。如果能和主持人一起，当然最好是和自己常年合作的搭档或者助手一起表演，那效果就会锦上添花了。

你需要一个表演搭档

主持人：以后我就专门给燕妮当表演助理了。告诉我应该怎么做？哈哈。

石燕妮：助手确实很重要，主持人也很重要。最好的配合就是主持人就是助手，或者说助手就是主持人。

石伟华：这不一个意思嘛！

石燕妮：不太一样。有时候表演主持人不是自己熟悉的人，这时候就比较麻烦。如果自己的助手也会主持，就可以在这个环节临时担当主持的角色。

主持人：主持我还行，但当助手合格不合格我不知道。

石燕妮：比如就前面我们说的记10位观众的手机号这个项目，如果有助手的话，整个流程可以这样设计。

石伟华：你是要彻底解密吗？

主持人：没关系，这段我们掐了不播。哈哈。

石燕妮：那可说好了。这一旦播出去，不知道有多少记忆大师要来找我算账。可以让主持人也就是助手先上场，然后随意从观众席中找出10位观众上台。再准备一块白板，观众报一个手机号，助手在白板上写一个手机号。而且最好是观众报一次，助手重复一次，然后再写下来。

主持人：记忆大师这时候就在旁边记？

石伟华：这里面有猫腻，你先听燕妮说完。

石燕妮：这样10个观众都报出手机号后，助理也依次写到白板上，这样做有个好处，防止出现事故。什么事故呢？就是观众不小心报错了但是记忆大师没记错，最后打不通观众的手机，大家还以为是记忆大师记错了呢。

主持人：这也是个小技巧对吧！

石燕妮：这时候再让记忆大师上台，现场来记忆这10位观众的手机号。

主持人：怎么这时候才上台？提前上来观众一边说他一边记多好！

石伟华：重点就在这里。其实在第一个观众说出手机号的时候，记忆大师就在一个不被人注意的角落里开始记忆了。为什么要让观众说一遍，助手再说一遍，就是给暗处的记忆大师足够的记忆时间。

主持人：你们太坏了，哈哈。

石燕妮：其实等记忆大师上台的时候，他已经把10个手机号记完了。但是表演嘛，怎样才能给观众震惊的效果呢？

石伟华：这时候就需要像你这样优秀的主持人了。

主持人：需要我做什么？

石燕妮：你的台词一般是这样设计的。“现在先请××大师背对着白板，一会儿我们要给大师计一下时。我想问一下现场的观众朋友，如果让你们一下子记10个人的手机号，你们大约需要多长时间？5分钟？10分钟？1小时？还有人说需要一年？那大家猜猜我们的记忆大师需要多久能记住？两分钟？一分钟？其实我也不知道，我们还是先问一下大师吧！”

石伟华：知道为什么要说这么多废话吗？

主持人：为了烘托气氛吧？

石伟华：烘托气氛只是其一，更重要的是这段时间记忆大师可以再把刚才记的10个手机号复习一遍，加深记忆，确保一会儿回忆的时候不会出错。

石燕妮：是的。一般这个过程会控制在一两分钟的时间，两人配合多了以后，记忆大师只要给一个眼神、一个动作，主持人就会明白。

主持人：就是暗示主持人我已经回忆完了，可以开始了。

石燕妮：对。这时候主持人说“好，准备，计时开始”，大师开始转身对着白板记忆，一般控制的时间在30秒左右最好。一旦超过1分钟，大家对速度的期待就会大打折扣。还有一点就是，那时候现场会非常安静，但是大部人能够保持绝对安静的时间很难持续1分钟，所以，一般情况下控制在30秒最佳。

主持人：原来观众看到的记忆过程纯是表演啊。

石伟华：也不完全是，这时候一般会根据白板上的内容核对一下自己大脑中记的对不对。

石燕妮：是的。所以，这样操作下来，基本上可以做到至少记忆2遍，回忆2遍，出错的可能性就很小了。

主持人：再后面的展示就是“想怎么展示就怎么展示了”。

石伟华：其实还有个更保险的办法，即使记忆速度很慢也能表演。

石燕妮：啊？这个怎么没跟我说过？

石伟华：因为以你的实力根本不需要。

主持人：我需要！我需要！

石伟华：就是叫一个观众，让他报出手机号，重复写下来，然后再到观众席中找第二个观众。这时候可以把两位观众报手机号的时间间隔拉得更长。你要记不住就拉再长点，每个观众上来都和观众握手、问好、客气寒暄一番。这样，就算你的记忆速度再慢，也能将号码记得滚瓜烂熟了。

主持人：哈哈哈哈。你们太坏了！

观众大笑。

让你的表演与众不同

主持人：还有什么好的创意，能让自己的表演与众不同呢？

石伟华：想与众不同，说简单也很简单，就是在表演过程中再加入一些其他绝活。

石燕妮：比如魔术吗？哈哈。

石伟华：如果加入魔术容易让人觉得这完全是魔术，不是记忆表演了。我的意思是加入一些一般的记忆大师不会的东西，可能表演的效果就更震撼了。

主持人：哪种类型的绝活儿呢？

石伟华：我随便说一种吧。如果记忆大师能掌握微观辨识的能力，那再做记忆力表演就和别人完全不是一个档次了。

主持人：什么是微观辨识？

石燕妮：这个我知道了。比如给你100个看上去一模一样的苹果，你能分出哪个是哪个吗？

主持人：哦，以前电视上经常有这样的表演。

石伟华：之前电视上的表演是只记一个，我们可以降低识别的难度，但增加记忆的数量。比如我从现场观众中任意找出20位观众或者更多也行，大家都把自己的手机拿出来，让记忆大师现场来记。然后把所有人的手机全放一起打乱，这时候随意指一个观众，记忆大师就能找到他用的手机，或者随便指一个手机就能知道是哪位观众的。

石燕妮：这个记忆量虽然不大，但难度还是很大的，因为既要辨识观众，又要辨识手机。

石伟华：是的，不过也有技巧可以用。

主持人：等等，这样好不好？二位先不要给我们揭秘，能不能直接给我们表演一下这个节目？

石伟华：说实话这个节目从来没有排练过，只是随口一说。燕妮，你觉得有多大把握？

石燕妮：哥，你是专门坑我吗？

观众笑。

主持人：大家想不想看？要不试一下，数量少点可以吗？

石燕妮：哈哈。好吧，那就30位观众吧。

主持人：30位还少啊？你也太谦虚了吧？

石燕妮：试一下吧，我真的没有把握。

主持人：没关系，大家掌声鼓励一下……

第七章
聊点儿八卦

CHAPTER 7

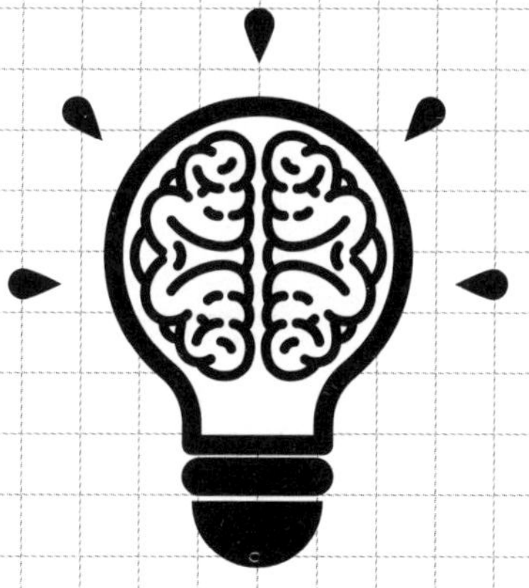

- 录节目二三事
- 记忆大师的私生活
- 不能说的秘密
- 记忆行业的未来

主持人：虽然我们都知道记忆大师也是人，也得像我们普通人一样一日三餐，但是大家依然对记忆大师背后的很多故事充满着好奇，就像特别想知道火星人每天是怎样生活一样。

石燕妮：我们哪里长得像火星人了？

主持人：好奇之心，人皆有之嘛。就像很多人特别想知道我们主持人每天的工作是什么样的一个道理。

石伟华：我也好奇，要不下个环节我们来提问，你来回答？

主持人：哈哈，也行。看来我长得比较像外星人。

石伟华：你长得像月球人，像嫦娥，仙女嘛！

主持人：哈哈。好了，那接下来这些问题，可能和记忆大师的训练以及专业技术无关了，都是些大家特别好奇的问题。

石伟华：就是八卦呗！还好，我没什么绯闻！

观众笑。

录节目二三事

主持人：第一个问题就是关于录节目的。当然，对我来说，录制节目是比较熟悉的，但是对很多观众来说，似乎是一件非常神秘的事儿。所以就请燕妮来谈谈录制节目的一些感受吧！

石伟华：我也参加过好多节目录制好不好？你这就有点看不起人的意思了。

观众笑。

石燕妮：我哥2004年开始就参加魔术节目的录制，你可千万不要小看他。虽然就上了那么两三次节目，哈哈哈哈。

主持人：厉害厉害，比我还早开始录节目啊。

石燕妮：其实录节目最大的感受就是角色定位不一样。比赛的时候比较单纯，就是安心比赛就好了。可录节目完全不一样，还要化妆，还要想着如何配合镜头，还要考虑导演的要求，还要考虑自己的形象、动作，还怕万一哪句话说错了。

石伟华：是的。比如比赛过程中突然觉得自己哪个地方痒痒，我就可以大胆地挠挠，但是现在我要是鼻子里痒痒，我只能忍着，要不全国人民都看到我在挖鼻屎了。

观众笑。

石燕妮：你能不能别这么恶心人。

主持人：虽然话有些糙，但确实是这个道理。有时候舔一下嘴唇都可能破坏整个画面。

石燕妮：录咱们这种对话访谈类节目还好，就算哪个环节不太好了，哪句话说错了，完全可以重新录一次。就算观众都走了，也不影响补录几个镜头。

主持人：你确实很专业啊！

石燕妮：但是录那种娱乐表演类的节目就太难了。整个过程必须一气呵成，因为要准备很多道具，有时候还要嘉宾、观众上来互动，出错了就很难弥补。

石伟华：我们录这种娱乐表演类节目和一般的纯娱乐节目还是有区别的，因为这种记忆力表演很多都是导演组现想出来的节目，要根据导演组的策划来临时设计记忆方案，既考验记忆能力和临场表现能力，还要顺着导演的意思去把节目表演得好看。

观众笑。

石燕妮：记得有一次在北京录节目的时候，导演要求我和另一个记忆大师一起比拼同时记两副牌。其实这个项目对我们来说并不难，你想我30副牌都能记下来，就算现场发挥再不好，也能记住两副牌，最坏的结果就是慢点嘛，比平时训练慢个几秒、十几秒。

主持人：对啊，那你觉得难度在哪里呢?

石燕妮：当时导演要求我们验证的时候不是写出来，也不是把牌找出来或者按世锦赛的要求将牌排列出来，而是一个人说一张牌在哪个位置，另外一个人再说出另外一张牌的位置在哪里。

主持人：这似乎也没增加什么难度啊。

石燕妮：事实上根本不是这样。听上去好像和其他的方式没什么区别，但是我和另一个记忆大师都觉得太容易出错了。比如说大脑中的图像是红桃5，而且事实上也是红桃5，我并没有记错，但是有时候嘴里说出来可能就是黑桃5，很容易出现口误。

石伟华：这是大脑不同区域配合不好的问题。因为大脑对图像的处理和对语言的处理是调动不同的脑区来完成的。

主持人：这个还真没体验过。

石伟华：我举个例子。比如昨天晚上我们10个人一起吃饭，大家都很熟，而且你现在能清晰地回忆出来每个人坐在什么位置。好了，现在让你快速地从你右手边开始把每个人的名字都报出来，你觉得你会不会出错？

主持人：这个真没试过。

石伟华：如果让你闭上眼睛回忆一下昨天晚上吃饭时每个人坐在哪里，这个几乎不会出错，而且很快。但是让你快速报出每个人的名字时，往往会出现报错的情况，并不是记错了，而是经常把张军报成王军，把李强报成王强。

主持人：但是报错之后我能马上意识到啊！

石燕妮：是的，问题就在这里。导演制订的规则就是一旦报错就算错，哪怕是口误。

主持人：这个确实有点难。

石燕妮：所以有时候录制这样的节目就像是表演高难度的剧本，真的没有比赛来得轻松。比赛一个人闷头练就是了，这个还要考虑很多相关的因素。

主持人：其实还有个问题，可能也是很多观众想问又不好意思问的，我就当个炮筒来问问吧！

石伟华：没关系，尽管把我打成炮灰。

主持人：现在国内有很多这种挑战类节目，特别是很多节目是和记忆大师有关系的。我们就想知道一点，电视上展示给观众的这些能力，全是真的吗？

石伟华：其实你就想知道是不是假的，有没有托。

主持人：哈哈哈，我先声明我今天真不是托！哈哈哈哈。

石伟华：这事要说出来，估计以后没人敢再请燕妮录节目了。

石燕妮：没关系，不录就不录。哈哈哈。这么说吧，挑战过程和选手的能力都是真的，但节目是假的。

主持人：这怎么理解？

石燕妮：大部分的节目是不会用托的，至少我参加录制的所有节目都没用过托。比赛就是真的现场比赛，挑战就是真的现场挑战。但是现场观看和录制的过程并没有最后我们在电视上看到的那么紧张，甚至都有些无聊。所有的紧张激烈的效果都是后期配上音乐、通过镜头切换等技术烘托出来的，这个你们应该比我专业。

主持人：我明白你的意思，也就是说如果像今天这样在节目录制现场观看你们的挑战比赛的话，是件很无趣的事。

石伟华：如果是短时记忆，比如两三分钟的记忆就没关系，如果是半个小时、一个小时以上的记忆项目，那就是超级无趣了。我曾经现场看过一次，按要求选手要在一小时内记忆舞台上的一堆内容，这个过程最后展示给电视观众的也就不到一分钟甚至几秒钟的时间，比如一行字幕“1小时后……”，哈哈，你懂的。

主持人：这让我想到电影上常见的字幕“3年后……”“50年后……”。

观众笑。

石伟华：但是现场那一个小时太难熬了。因为还要保持现场安静，怕影响选手发挥，还不能随意走动，对于观众也是不小的挑战。

主持人：我能体会到那种感觉，就相当于演员在舞台上一小时几乎不动，也没音乐，也没情节，我们还要认真地看上一小时。但这才是最真实的挑战啊。

石伟华：是的。这个一般不会做假，但是有这样的情况，特别是那种一个人的挑战项目，有时候会出现挑战失败的情况，特别是那种不涉及晋级的节目。就是说你挑战成功与失败不会影响别的选手，否则就成黑哨了。

主持人：怎么黑的？我没太听懂。

石伟华：我的意思是说万一现场挑战失败了，节目组觉得这样播出效果不好，还是希望播出一个挑战成功的效果。

主持人：所以，就靠剪辑做成挑战成功的效果？

石伟华：那倒不是，否则就真成造假了。节目会要求我们再重新挑战一次，总有一次会挑战成功。哪次挑战成功了，就播出哪次。

主持人：相当于我们主持人说错了词，就重新录一段。

石伟华：我就遇上过这种情况。2004年我上一个节目挑战速拧魔方。第一次还原的时候，魔方在其中一步突然卡住了，由于紧张，一卡住后面的公式就出错了，前面的挑战全部白费了，必须从头再来。这要等全部还原，估计要超过5分钟了。所以我干脆在舞台上自己就叫停了："对不起，太紧张了，错了一步，实在不好意思。咱们重新打乱，重新来吧。"

主持人：你反应还挺快，那这一段肯定没有播出。

石伟华：那当然，而且这也是我第一次公开承认这事。在这之前除了现场参与录节目的人，没人知道。

石燕妮：是的，现场录制的过程和大家最后看到的效果还是有很大区别的。不过我录节目的时候，倒是没有出现过这样的事情，我参与过的节

石伟华在电视节目中现场表演快速还原魔方

目都是“一遍过”，成功了就成功了，失败了就失败了，照样播出。前段时间播出的节目，我挑战失败了，没有重新来过的机会。所以，我们在电视上的挑战内容都是真实的。

石伟华：这不能叫失败，只是暂时没有成功嘛！哈哈。

主持人：记忆大师的能力都是真实的，这毋庸置疑。

记忆大师的私生活

主持人：我们看到过记忆大师们赛场上的精彩表现，也看到过记忆大师们舞台上的精彩表演，但是我想很多人和我一样好奇，记忆大师私下的生活是什么样的？

石燕妮：吃饭、睡觉、打豆豆！哈哈哈哈！

主持人：这个可以有。记忆大师在日常生活中会经常用到你们的记忆能力吗？或者说这样的能力在日常生活中会给你们带来什么样的便利或者乐趣？

石伟华：这个其实我比你还好奇。国内现在有好几对记忆大师夫妻档，就是夫妻俩都是记忆大师。

石燕妮：好像到目前有七八对了吧？

石伟华：应该十多对了。还有不少是尚处在热恋期，马上就要成为夫妻的。

石燕妮：这也算？那没公开的估计还有很多。

石伟华：我好奇的是，夫妻俩都是记忆大师，吵架怎么吵？会不会把对方说过的每一句话都记下来，过几天给对方回放一下。

石燕妮：哈哈哈，不至于吧。

主持人：哈哈，伟华老师太有意思了。为啥这么说呢？正好我们节目组采访了几对记忆大师夫妻档，接下来我们通过一个短片来感受一下记忆大师的日常生活是什么样的。

短片：

记忆大师A：我和我老婆就是因为训练认识的。我们同一年一起参加训练，第一年我拿到了记忆大师，她没有拿到。第二年我又陪她一起训练，她顺利拿到了记忆大师，我也晋级成为特级记忆大师。后来我们就订婚、结婚，现在已经有了自己的宝宝。

记忆大师B：我们在有宝宝前业余时间比较多，所以在家有时候会两个人PK。比如吃完饭谁也不想刷锅洗碗，就拿出一副牌比拼看谁记得快，谁输了谁去洗碗。因为我水平比我先生要差很多，所以我就发挥小女生的特权，我订的规则是只要我用的时间在他的2倍之内就算我赢。所以，结果就不说了。

记忆大师C：我们在家偶尔也会比拼一下。比如家里养的猫，需要有人去打扫猫屎，有时候谁也不想去，那就记一副牌。同时记，然后一人说一张，第一个说错的就得乖乖地去铲猫屎了。

记忆大师D：我跟我家先生也是因为记忆结缘的。我们俩最开心的事就是比拼教老人记扑克牌。洗乱一副扑克牌，每人拿26张，他教老爸记，我教老妈记。看谁先把父母教会。这不仅让我们俩开心，父母也比较喜欢跟我们一起训练，乐在其中吧。

……

主持人：哈哈哈哈，确实是乐在其中。只能说这些记忆大师太会玩了。两位老师生活中有什么和记忆有关系的、好玩的事跟我们分享一下？

石燕妮：那我也分享一下吧。如果和世界记忆大师朋友在一起，我们会玩盲打斗地主，就是我们把牌抓好之后 ，把自己的牌记下来，然后把牌给下家拿着，当我们要出什么牌的时候，就报出来，下家帮我出牌。如果是和新朋友一起聚会，组织者介绍过一遍，我再来介绍一遍。或者是第一次上课的时候，小朋友们都是比较吵，不怕老师的，于是我就给他们记一副扑克牌，表演完之后，他们就会很崇拜我，上课就很听话了。

主持人：看来燕妮老师的生活中记忆表演无处不在啊！

石伟华：那我也分享一个吧。前几年我去参加一个国际性的魔术师聚会。晚上没事几个魔术师在快餐店边吃边聊，环境特别嘈杂。说实话在那个级别的魔术圈子里，我的魔术水平太一般了，从来不敢公开表演魔术。但是无意聊到了关于记扑克的问题，我就现场给他们表演了记扑克。当时还只记了半副牌，26张，然后一张张地背给他们听，把他们惊讶坏了。当时有几个魔术师怀疑我的牌是暗记牌（就是那种从背面可以看出牌点那种），他们把牌藏到口袋里，我说一张他们抽出一张来核对，最后才相信我确实是记下来了。

主持人：那你当时记这半副牌用了多长时间？

石伟华：没概念，我感觉3分钟左右吧。我印象中就是另外一个魔术师随手给大家表演了一个魔术，大家哈哈一乐的时候，我就记完了。

主持人：看来魔术师中懂记忆法的不多啊！

石伟华：记忆大师中懂点魔术的还是有几个的，比如燕妮。哈哈哈哈！

石燕妮：你又笑话我！

石伟华：但是魔术大师中懂记忆法的我感觉一个没有。

主持人：你不是算一个吗？

石伟华：我算是懂记忆法的，但我不算是魔术大师啊！我一直这样介绍自己："我是非著名魔术师、非著名脑力丛书作家、非著名……"

石燕妮：你应该叫"非著名相声演员"，哈哈哈哈。

观众笑。

不能说的秘密

主持人：要不我们再给现场观众一个机会吧！哪位观众在这个环节有想问的，最后一次机会。

观众Q：主持人好，两位老师好。现在我们国家每年有几百人参加世界记忆锦标赛，加上参加国赛和地区赛的，应该每年有上千人了。在这么大规模的比赛过程中，从组织报名到现场裁判，到最后统计汇总，肯定要涉及很多环节，也有很多人为因素。我想问的是，目前就比赛而言，有没有什么不公平的现象？

主持人：这个问题还是蛮犀利的。

石燕妮：从我参加比赛的整个过程来看，应该说还是非常公平的。因为在**比赛开始前，所有裁判都会宣誓遵守公平公正等原则，所有选手会宣誓遵守比赛规则等。而且只要发现有选手作弊，这位选手将被终身禁赛。如果裁判怀疑选手的成绩，还会复查检验。**

主持人：怀疑？是怀疑作弊，还是有人举报？

石燕妮：都不是。就拿我来说吧，在参加最后的世锦赛时，马扑成绩一出来，我排名第二，于是当时的副主席多米尼克先生就表示怀疑。

主持人：怀疑你作弊？

石燕妮：也不能叫作弊，比较委婉的说法是“怀疑成绩的有效性”。

主持人：为什么呢？

石燕妮：因为我之前从来没有参加过世锦赛，属于突然杀出来的一匹黑马，一下子就能有这么高的成绩，也难免让人怀疑。

主持人：那怎么办？取证调查？调监控？

石燕妮：不。多米尼克先生会找人与我沟通。当时他找到我和我的教练陆伟老师，说出了他的怀疑，说“如果不能证明我成绩有效的话，就会宣布我的成绩无效”。

主持人：这好残酷啊！

石燕妮：是的。我当时也特别着急，我有什么证据来证明我没有作弊呢？

主持人：那最后怎么解决的？

石燕妮：我当时也是急坏了，辛辛苦苦练了9个多月，终于拼出了好成绩，突然要作废，说实话差一点就急哭了。所以我就很不服气地说："你要怀疑可以随便提问！我当着你的面重新默写一遍也行！"这也正合多米尼克先生的意思，他就随意提问了我比赛所用的30副牌中的几张，结果我全部答对。最后多米尼克先生与我握手道歉，并主动和我合影留念。

观众鼓掌。

石伟华：燕妮算是比较配合，也是比较幸运的。听说有一年也有类似的情况，真假不知道，说的是中国的另一个选手，情况和燕妮非常类似，就是"数字听记"项目成绩一出来，他的分数特别高，同样遭到组委会的怀疑，要求他当场把所记的数字重新默写一遍。结果这位选手拒不配合，大概意思是"凭什么说我作弊，有证据吗？没证据的话就不要说我作弊，凭什么让我一个人再重新答一遍，要答大家一块儿"。总之，最后的结果是他的成绩无效。

主持人：这确实很可惜，虽然这种操作模式似乎有些不公平，但我觉得燕妮还是比较聪明的。这就相当于警察怀疑我们有罪，我愿意配合调查，最后证明自己的清白。

石燕妮：是的。其实这种情况每年都可能出现，应该不算是不公平，游戏规则就是这样的。

主持人：这可能是国际惯例吧。就像足球赛，就算是世界杯决赛出现明显的误判，事后足协主席亲自向全世界球迷道歉，也不能更改比赛的结果。这也是惯例，游戏规则就是这样的。

石燕妮：既然参加这样的游戏，就得遵守游戏的规则，而且愿赌服输。反正我是这样的心态。

主持人：那我也替观众问一句，有没有人通过非正规手段在比赛中取得好成绩呢？

石燕妮：这个不会有。因为每一个选手的答卷，都由两位裁判一起来改卷，而且所有裁判都来自各个参赛国家。选手的成绩是多少就是多少，不会出现不公平的现象。大家一定不要把自己的精力放在关注和担心这类问题上，而应该把精力用在学习和训练上。

石伟华：我一直以来的理念是让自己变强大。你要努力让自己强大到远远超过对手，从而取得成功。

主持人：这话说得太好了。只要你足够强大，你永远都是胜者。

记忆行业的未来

主持人：我看时间差不多了，那我来问最后一个问题吧。

石伟华：这就要结束了？！

石燕妮：你还没过瘾怎么着？哈哈哈哈。

观众笑。

主持人：没关系，下期还请你来。哈哈。我想问的是，两位老师对咱们整个记忆行业的前景是怎么看的？或者说有哪些期待和展望？

石燕妮：这样的问题我还真没想过。就目前来看，记忆大师们似乎走入了一个误区，尽管最近一两年开始有些好转，但是还有很多人存在这个误区。

主持人：你是说大家对记忆大师的误解吗？

石燕妮：不是。我的意思是现在很多人想通过训练成为记忆大师，但是真有一天成了记忆大师，能做什么呢？比赛、表演，或者去培训别人成为记忆大师吗？

石伟华：燕妮的意思是说我为什么要去训练啊，因为我要成为记忆大师啊，成为记忆大师干吗？可以去教别人啊！教别人干吗？教别人也成为记忆大师啊！

主持人：似乎是个死循环，就像那个笑话一样。你为什么放羊？卖钱！卖了钱做啥？娶媳妇。娶媳妇做啥？生娃。生娃做啥？放羊。

石燕妮：哈哈哈。太对了，就这意思。所以，有一段时间我也很迷茫，我花这么多的时间和精力拿到一个虚拟的头衔，究竟有什么用？我想现在还有很多记忆大师也在思考这个问题。特别是近几年记忆大师越来越多，记忆大师不再像之前一样是国内的稀有品种了。

石伟华：稀有品种？！

观众笑。

石燕妮：所以这几年我也在尝试，把我们这些记忆大师的超强的记忆力变成能够帮助我们工作、学习、生活的能力。

石伟华：这不就是我在做的事情吗？

石燕妮：没错。这就像职业运动员一样，就算你是世界冠军，退役了可能也只能教别人训练你擅长的项目。我觉得这不对，不可能全世界的人都去做职业运动员，也不可能全世界的人都成为记忆大师。我觉得我们应该想办法把这种能力转化成大家都能学得会、用得着的技术。

主持人：太好了，我们也很期待。

石伟华：这确实是目前整个行业一个非常尴尬的事情，包括我们这些做应用的也是如此。比如我们可以帮你把历史的知识全背下来，把考研的知识全背下来，把各类成人资格考试的知识全背下来，但问题是什么？是我们得先知道哪些是重点，哪些是次重点。这就需要什么？需要懂这个学科的专业老师来配合我们做这项工作。

主持人：那找人来配合不就可以了？

石伟华：是的，近几年已经有人开始这样做了。但是目前普遍的情况是专业的学科老师还不认可甚至极其抵触我们的方法，根本不愿意和我们合作，甚至不允许孩子来参加这类培训。比如，大部分英文老师会认为我们的方法会把孩子教傻了，他们认为这完全不符合学英语的原则，根本就是瞎教乱教。在他们的理念中，英语必须要按语法、词根、词缀等那一套标准来。

主持人：站在他们的角度是对的。那你完全可以自己做这样的课程啊？

石伟华：理论上是这样，但事实呢？比如我现在进行一个律师资格证考试辅导，教你把相关的法律条文全部背下来。来学的学员随便问我们一个法律问题，我们根本不懂啊。我能教你背下中药的药方，可我不懂中医啊。在这种情况下，我们讲课是很没有说服力的，大家更愿意找那些权威的专业老师去辅导。

石燕妮：是的，现实确实这样。但是有些方法确实能帮到很多的孩子，包括成人。就拿英文来说，传统的教学方法虽然正宗，但是对于那些基础特别差的孩子来说，老师再优秀也不可能让孩子三天时间记下高考的全部单词，但是我们能。

主持人：哇！这个太厉害了。

石伟华：其实我一直说这样一句话，叫“有效果比有道理更重要”。

你管我用什么方法记的呢！我写也好、画也好、喊也好、叫也好、疯也好，别管我的方法多么不科学甚至滑稽、可笑，结果是“我记住了”。你的方法再科学，可是没有结果啊！

主持人：太对了！我相信那句话，“存在即是合理”。

石伟华：所以，现在我最期望的就是记忆法早一天走进校园，让更多的孩子、更多的老师真正了解记忆法。如果有一天，记忆法能够得到全日制学校老师们的认可，能够得到官方的认可，那我们这个行业才真的有希望。

主持人：我相信这一天很快会到来的。

石燕妮：我也希望全国的记忆大师们不要对这个行业失去信心，只要我们的能力还在，总有需要我们的地方。

主持人：是的，是金子，总会有发光的地方。

石伟华：我觉得我们算不上是金子，我们也不希望自己是金子，我希望我们就是一束光，能够起到照亮别人的作用。我们希望找到人群里的那些金子，用我们的技术、我们的能力，用我们的光把他们照亮。让社会上有更多的金子能够反射出灿烂的光芒。

主持人：说得太好了，这里必须为两位老师鼓掌。

观众鼓掌。

主持人：时间过得真快，不知不觉就到该说再见的时候了。真的非常感谢两位老师能够来到我们节目的现场，跟大家聊了这么多专业的、新鲜的、开心的话题。他们不仅为我们每一个人上了一堂生动有趣的记忆法普及课，也让我们对这个行业、这一群人有了更全面的了解。再次掌声感谢两位老师！

石燕妮、石伟华起身鞠躬。

主持人：节目的最后，请两位老师每人说一句话，对咱们今天的节目做一个简短的总结吧。

石伟华：就剩一句了？

石燕妮：哈哈。要不我那句留给你，你说两句？

主持人：每人两句也行，哈哈！

石燕妮：感谢节目组邀请我们来，也感谢观众朋友来到现场。同时也借此机会感谢在一路上帮助我、支持我的教练、队友、亲人、朋友，谢谢你们！我会继续努力！

主持人：那我们也祝燕妮的记忆力越来越强、人生越来越精彩。

观众鼓掌。

主持人：伟华老师，该你了。

石伟华：最后一句话对我来说太重要了。

主持人：那我们认真听。

石伟华：我往返的机票找谁报销呢？

观众大笑。

附录

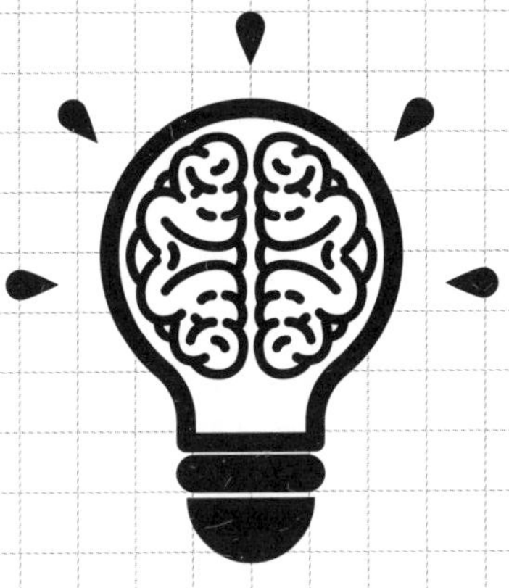

- 附录1：世界记忆大师新评定标准及新千禧标准
- 附录2：石燕妮比赛用数字编码表

附录1：世界记忆大师新评定标准及新千禧标准

（摘自“世界脑力锦标赛”官方公众号）

2020年1月30日，世界记忆运动理事会公布了一系列最新的标准，包括千禧标准（Millennium Standards）、国际记忆大师（IMM）、特级记忆大师（GMM）、国际特级记忆大师（IGM）标准的最新官方变动。

世界记忆锦标赛首席裁判长菲尔·钱伯斯（Phil Chambers）宣布，鉴于近年选手们在世界记忆锦标赛中的卓越表现，经过分析讨论，对千禧标准进行了修订（如果比赛出现至少三位选手打破记忆分数纪录，电子竞赛除外，则会产生新标准）。

除了这些变化之外，国际记忆大师（IMM）的要求也进行了更新。成为国际记忆大师的全部要求如下。

国际记忆大师（International Master of Memory，IMM）

(1) 完成WMSC认可的算入IMM成绩的世界记忆锦标赛中全部10个项目的比赛

（2）在当年算入IMM成绩的每次比赛中总分至少达到3000

（3）1小时内正确记忆14副牌（728张牌）

（4）1小时内正确记忆1400个随机数字

（5）40秒内正确记忆一副扑克牌以上

第（3）、（4）和（5）可以在多次比赛中达到（不必在单个比赛中同时达到这三个要求）。以前在旧IMM标准达到的成绩不会计入新IMM标准的考核中。第（5）个要求可以在任何WMSC认可的不同锦标赛中达到。由于长达1小时的项目仅适用于世界记忆锦标赛全球总决赛，因此第（3）和第（4）要求必须在全球总决赛中达到。

特级记忆大师（Grandmaster of Memory，GMM）

特级记忆大师（GMM）证书将在世界记忆锦标赛全球总决赛时颁发给排名前五且比赛累积总分达到5500或以上，但还不是特级记忆大师（GMM）的选手。

国际特级记忆大师（International Grandmaster of Memory，IGM）

国际特级记忆大师（IGM）称号将在世界记忆锦标赛全球总决赛时颁发给比赛累积总分达到6500或以上的选手。

同时，新的千禧标准重新修订如下（带*表示新标准）：

项目	2020 年千禧标准
听记数字	447 个数字
快速扑克（5 分钟）	16.02 秒
* 二进制数字（5 分钟）	1246 个数字
人名头像（5 分钟）	95 个人名
* 快速数字（5 分钟）	659 个数字
* 虚拟事件和日期（5 分钟）	154 个日期
随机词语（5 分钟）	125 个词
随机扑克（10 分钟）	407 张（7 副 +43 张）
* 快速数字（15 分钟）	1217 个数字
* 人名头像（15 分钟）	200 个数字

（续表）

项目	2020 年千禧标准
随机词语（15 分钟）	312 个词
抽象图形（15 分钟）	697 个
* 二进制数字（30 分钟）	7654 个数字
随机扑克（30 分钟）	1014 张（19.5 副）
随机数字（30 分钟）	1999 个数字
* 一小时扑克	2600（50 副）
* 一小时数字	4493 个数字

千禧标准是一项用于计算各单项得分的系数标准，新标准已于2020年1月30日正式实施。

此外，随着标准的提高，决定将选手的回忆时间进行调整，以反映出选手需要写下更多的数据。以下内容从2020年1月31日起生效：

项目	回忆时间
听记数字	5/10/15/25 分钟（无变化）
快速扑克（5 分钟）	5 分钟（无变化）
二进制数字（5 分钟）	20 分钟
人名头像（5 分钟）	20 分钟
快速数字（5 分钟）	20 分钟
虚拟事件和日期（5 分钟）	20 分钟
随机词语（5 分钟）	20 分钟
随机扑克（10 分钟）	30 分钟（无变化）
随机数字（15 分钟）	35 分钟
人名头像（15 分钟）	35 分钟

（续表）

项目	回忆时间
随机词语（15分钟）	35 分钟
抽象图形（15分钟）	35 分钟
二进制数字（30分钟）	90 分钟
随机扑克（30分钟）	60 分钟 (无变化)
随机数字（30分钟）	60 分钟 (无变化)
一小时扑克	2.5 小时
一小时数字	2.5 小时

附录2：石燕妮比赛用数字编码表

数字	编码	数字	编码	数字	编码	数字	编码
01	树	26	雪糕	51	鸡毛掸子	76	犀牛
02	鸭子	27	耳机	52	斧头	77	机器人
03	手掌	28	恶霸	53	火山	78	青蛙
04	国旗	29	恶狗	54	注射器	79	气球
05	钩子	30	毛毛虫	55	火车	80	巴黎
06	勺子	31	发夹	56	蜗牛	81	蚂蚁
07	钉耙	32	扇儿	57	武器	82	飞镖盘
08	葫芦	33	红舞鞋	58	火把	83	花生
09	网球拍	34	对镲	59	五角星	84	望远镜
10	棒球	35	香烟	60	榴莲	85	白兔
11	筷子	36	山鹿	61	书包	86	大刀
12	婴儿	37	砖头	62	石磨	87	围棋
13	大剪刀	38	香烟	63	流沙	88	保鲜膜
14	钥匙	39	台球	64	牛屎	89	八爪鱼
15	鹦鹉	40	电钻	65	老虎	90	蓝精灵
16	暗黑骑士	41	话筒	66	杠铃	91	球衣
17	仪器	42	刺猬	67	油漆	92	球儿
18	泥巴	43	石山	68	喇叭	93	救生圈
19	蛇	44	狮子	69	牛角	94	黑板擦
20	摩托车	45	袈裟	70	蛋糕	95	担架
21	鳄鱼	46	石榴	71	机翼	96	铜火锅
22	双头怪	47	司机	72	企鹅	97	手机
23	和尚	48	国道牌	73	鸡蛋	98	酒吧用酒
24	盒子	49	死囚	74	长矛	99	双锤
25	手锯	50	金箍棒	75	蜘蛛	00	大熊猫

后 记

写完了，很高兴。

虽然节目是假的，日期也是假的，连里面的主持人和观众都是假的，但我们承诺，书中提及的所有知识和方法都是真的。

我们俩于 2018 年在一次行业峰会上相识，自此以兄妹相称。一个在广西，一个在山东，虽然相隔千山万水，但又真的亲如一家。本是随口一提“咱俩一块儿写本书吧，作者石燕妮、石伟华，这样多像亲兄妹俩啊”，没想到这事就这么定了。然后两人分工，各自负责自己擅长的内容，就这样一口气把书稿写完了。

关于这本书的内容，我们曾经有过很多的不同观点。比如关于本书难度的把握，比如有关比赛表演的一些所谓的秘密，比如对一些问题的看法，等等，但最终我们决定把彼此的想法都呈现给读者朋友，让大家多一个角度去了解和认识这群人、这个行业。

虽然现在关于记忆方法的书已经很多了，但我们还是想做一点不一样的东西出来，于是就有了《天才对话》这个虚拟的电视节目。我们用伪纪实的手法呈现了一个访谈类电视节目的全过程，希望这样的叙述手法能让读者有耳目一新的感觉，让大家读起来轻松愉快，如同真的身临其境地坐在观众席里现场观看节目一样。

如果你能轻松读完这本书，还能小有收获，我们就觉得我们做的这件事，值了！

在这个行业，我们还是学生，还有很多的知识需要继续学习，因此，对于书中出现的错误及不当之处，恳请诸位前辈、专家批评指正。（石燕妮微信：shitou2542418769；石伟华微信：297094257。）

感谢一路走来曾经关心、支持、陪伴过我们的每一位亲人、恩师、朋友、伙伴。感谢张海洋老师、陆伟教练及尚忆团队，感谢林约韩、林彼得老师及记忆宫殿团队，感谢本书编辑郝珊珊女士对我们的信任，感谢广大读者朋友对我们的支持和厚爱。

我们会继续努力！